技工院校信息类专业工学一体化教材
技工院校计算机程序设计专业教材（中／高级技能层级）

U0346850

Python
程序设计基础

主　编　沈建林

主　审　郭　煜　崔凯楠

中国劳动社会保障出版社

简介

本书以关键技术和流行应用为引导，重点介绍了 Python 语言编程基础及常用第三方库，内容包括 Python 概述、Python 基础语法、程序控制结构、Python 容器、函数与模块、正则表达式、面向对象编程、文件与异常以及 GUI 综合项目开发应用。全书共九章，设计了 21 个实训，全面系统地介绍了 Python 语言的相关知识和应用技能，以帮助读者深入理解 Python 语言在各场景中的应用。

本书由沈建林担任主编，郭煜、崔凯楠主审。

图书在版编目（CIP）数据

Python 程序设计基础 / 沈建林主编 . -- 北京：中国劳动社会保障出版社，2025. --（技工院校信息类专业工学一体化教材）（技工院校计算机程序设计专业教材：中/高级技能层级）. -- ISBN 978-7-5167-6898-3

I . TP312.8

中国国家版本馆 CIP 数据核字第 2025UR6883 号

中国劳动社会保障出版社出版发行

（北京市惠新东街 1 号　邮政编码：100029）

*

三河市华骏印务包装有限公司印刷装订　　新华书店经销

787 毫米 × 1092 毫米　16 开本　17.75 印张　333 千字

2025 年 2 月第 1 版　　2025 年 2 月第 1 次印刷

定价：45.00 元

营销中心电话：400-606-6496

出版社网址：https://www.class.com.cn

https://jg.class.com.cn

前　言

近年来，在《"十四五"数字经济发展规划》等国家级战略的引领下，我国计算机产业蓬勃发展，不断壮大，为物联网、云计算、大数据、人工智能等前沿科技领域注入了强大的发展动力，实现了技术与产业的深度融合与相互赋能。这一趋势使市场急需大量从事计算机网站前端和后端开发、运维、测试、移动应用开发、售前售后技术支持等工作的人才，其需求量随着产业的快速发展而逐年攀升，为技工院校计算机程序设计专业提供了广阔的发展前景。为了满足市场对计算机程序设计相关人才的需求，各技工院校纷纷加强计算机程序设计专业建设，致力于培养适应市场要求的技能型人才。为了满足技工院校的教学要求，全面提升教学质量，我们组织了一批具有丰富教学经验和行业实践经验的教师与行业企业专家，深入调研市场需求、分析企业用人标准、总结教学改革经验，依据人力资源社会保障部颁布的《全国技工院校专业目录》及相关教学文件，开发了本套计算机程序设计专业教材。

教材体系

基础模块					核心模块											选修模块			
网页设计与制作（HTML5+CSS3）	Python程序设计基础	C#程序设计基础	Java程序设计基础	Windows网络操作系统	Linux网络操作系统	UI界面设计	MySQL数据库应用	SQL Server数据库应用	Web前端开发（JavaScript）	Python项目开发	C#项目开发	Java项目开发	程序功能测试	Web后端开发（JSP）	Redis非关系型数据库应用	移动应用开发	网站全栈开发	软件系统测试	微信小程序设计	大数据技术应用基础	云计算技术应用基础	人工智能技术应用基础

计算机程序设计专业教材体系

编写特色

1. 结合技工院校实际情况，制定专业教学标准

通过行业企业调研，分析技工院校地区差异情况，进行典型工作任务与工作岗位分析，

制定《技工院校计算机程序设计专业教学标准》，确定了中级、高级、技师（预备技师）技能人才的培养目标。基于工作岗位、职业能力和职业教育规律构建了"基础模块 + 核心模块 + 选修模块"的教材体系，确保学生既能掌握扎实的理论基础，又能具备较强的实践能力。

2. 创新编写形式，降低编写难度

在基础模块教材中，如 Python、C#、Java 等程序设计基础类教材，按照制定的教学标准构建教材内容，采用最新主流版本软件，从搭建基本开发环境入手学习基本语法，穿插若干实例引导学生进行程序设计，实例选取具有趣味性，充分考虑学生定位，避免介绍复杂的算法，编程思路采用流程图呈现，易读易懂，以激发学生学习编程语言的热情。

3. 充分吸收借鉴工学一体化教学改革的理念和成果

在核心模块教材中，如数据库类、项目开发类、测试类、前后端和移动应用开发类等教材，参照《计算机程序设计专业国家技能人才培养工学一体化课程标准》和《计算机程序设计专业国家技能人才培养工学一体化课程设置方案》，有一个或多个项目对接课标中的参考性学习任务，体现完整的企业工作流程，能满足学校开展工学一体化教学的需求。

教学服务

为方便教师教学和学生学习，配套开发了制作素材、电子课件、教案示例等教学资源，可通过技工教育网（https://jg.class.com.cn）下载使用。除此之外，在部分教材中还借助二维码技术，针对教材中的重点、难点内容，开发制作了演示微视频，可使用移动设备扫描书中二维码在线观看。

致谢

本次教材编写工作得到了河北、辽宁、江苏、浙江、山东、湖北、湖南、广东等省人力资源社会保障厅及有关院校的大力支持，保证了教材的编写质量和配套资源的顺利开发，在此我们表示诚挚的谢意。

编者

2025 年 2 月

目 录

第一章 Python 概述

编程是人类与计算机对话的一种方式。人们通过编写程序来告诉计算机如何解决具体问题。近年来，人工智能的热潮直接带动了 Python 程序设计语言的快速发展。根据 IEEE Spectrum 发布的编程语言排行榜可知，自 2017 年起 Python 一直是最受人们欢迎的编程语言，其受欢迎程度已经超过了 C#。在开源平台 GitHub 上，Python 也超越了传统的具有垄断地位的 Java，更受大众的欢迎。由此可见，人工智能领域的持续发展将会不断刺激 Python 的增长需求。

在本章中，通过"Python 语言简介""Python 开发环境搭建""Python 代码编写规范""Python 中的输入与输出""Python 中的程序流程"和一个实训等，可了解 Python 语言的发展历史和应用领域，学会搭建 Python 开发环境及 Python 中输入与输出数据的方式，规范编写程序，同时学会运用程序流程图清晰、直观地表达解决问题的思路。

 第一节 Python 语言简介

1. 了解程序设计语言的分类。
2. 了解 Python 的发展历史和特点。
3. 掌握 Python 的应用领域。

如今的计算机功能越来越强大，不仅可以实现传统意义上的办公文档处理、网上购物、网上聊天等工作，甚至能协同或协助人们做一些非常烦琐的事情，如模拟人的视觉系统进行图像识别、模拟人的听觉系统进行声音信号判断、模拟人的大脑思维活动下棋等，而这些强大的功能都需要通过编程语言来实现。

程序设计语言是人与计算机沟通的工具，可以运用程序设计语言编写程序来实现人们所需要的多种功能。现在程序设计语言有很多种，根据其发展阶段来划分，可以将程序设计语言大致分为三类：机器语言、汇编语言和高级语言。

一、机器语言

计算机内部以二进制代码的形式存储程序指令和各类数据，因此，通过二进制代码的形式表示的程序指令被称为机器指令。全部机器指令的集合构成计算机的机器语言，用机器语言编写的程序被称为目标程序。只有目标程序才能被计算机直接识别和执行。尽管机器语言具有能直接执行和执行速度快等特点，但是使用机器语言编写的程序全是 0 和 1 的二进制代码，难以记忆，不便阅读和书写，且依赖于具体计算机类型，因此，除了计算机生产厂家的专业人员外，绝大多数的程序员已经不再学习机器语言。机器语言属于低级语言。

二、汇编语言

汇编语言又被称为符号语言，其实质和机器语言类似，都直接对计算机硬件进行操作，只不过指令采用了英文缩写的标识符，更容易被人识别和记忆。汇编程序通常由三部分组成：汇编指令、伪指令和宏指令。由于汇编语言与硬件的联系紧密相关，因此，主要应用于涉及具体硬件平台或一些对性能要求较高的应用项目开发中。

三、高级语言

高级语言相对于机器语言而言是高度封装了的编程语言。高级语言的语法和结构更类似于人类语言，且与计算机硬件结构及指令系统无关。使用高级语言所编写的程序不能直接被计算机识别，必须经过转换才能被执行。目前，大多数程序员选择使用高级语言。高级语言又可分为面向过程的高级语言和面向对象的高级语言。最初的高级语言是面向过程的，这种程序设计思想的核心是分解问题，将需要解决的大问题分解为小问题，并编写函数解决。面向对象的设计思想则认为现实世界的基本单元是物体，与之对应的程序中的基本单元是对象。对象是数据与操作数据函数的结合，这是一种更加接近人类思维的分析方式，因此，后来的高级语言都支持面向对象设计思想。图 1-1-1 所示为程序设计语言的发展情况。

由于高级语言种类较多，本书专门介绍目前使用较多的 Python。

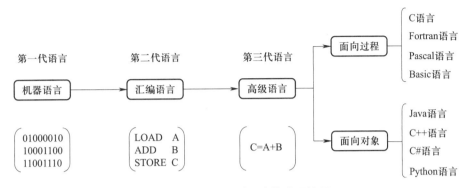

图 1-1-1 程序设计语言的发展情况

在高级语言中，Python 是一种代表极简主义思想从而被广泛应用的高级编程语言，它的简洁性使得需要编写的代码大幅度减少，从而简化了开发过程。Python 也是一种跨平台、面向对象、解释型的动态类型程序设计语言，它具有强调代码可读性的设计理念，其底层是用 C 语言编写的。

1. Python 的发展历史

1989 年，荷兰程序员吉多·范罗苏姆开发了一种继承 ABC 语言（一种结构化高级语言）的脚本语言，即 Python（大蟒蛇）。Python 的发展历史如图 1-1-2 所示。

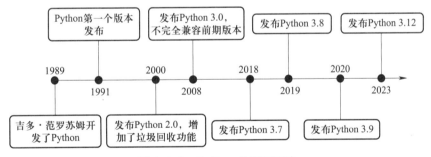

图 1-1-2 Python 的发展历史

2. Python 的特点

（1）更易理解。Python 语言抽象出对象的行为和属性，解决了结构化程序的复杂性，使得程序设计更加贴近生活。Python 语言不仅具有较强的面向对象特征，而且简化了面向对象的实现。它消除了类似 Java 中的抽象类、接口等对象元素，使得面向对象更易理解。

（2）简化设计。Python 的数据类型有元组、列表、字典、集合等，其提供的内置数据结构实现了类似 Java 中的集合功能。同样一个任务，使用 C++ 可能需要编写 100 行代码，使用 Java 可能需要编写 10 行代码，而使用 Python 可能只需要编写 1 行代码。

（3）易于学习。Python 语言的关键字较少，结构简单，学习起来更加简便。

（4）开源免费。Python 的使用和开发是完全免费的，如同 Linux、Apache 等，用户可以从网上获取 Python 源代码，并进行分析、学习与改进，因此，Python 吸引了大批科研与工程人员使用，形成了具有良好氛围的 Python 开发社区。

（5）具有可移植性。由于其具有开放源代码的特性，使用 Python 语言编写的应用程序可以运行在不同的操作系统上。在一种操作系统上编写的代码只需要做少量修改，就可以移植到其他的操作系统上。Python 可以在下列平台上运行：Windows、Linux、UNIX、macOS 等。

（6）可组合使用。Python 程序可以以多种形式与其他编程语言编写的程序组合在一起。如果需要编写一段运行速度很快的关键代码，或者是想要编写一些封装的算法，可以使用 C 语言或其他语言完成这部分程序，然后在 Python 程序中调用。因此，Python 语言也被称为"胶水"语言。

3. Python 的应用

由于 Python 语言具备的优点和发展趋势，近十年来 Python 语言也成为数据分析、人工智能、全栈开发等应用领域的首选开发工具，如图 1-1-3 所示。

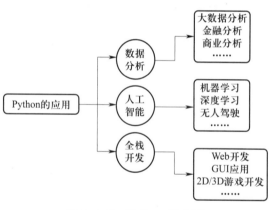

图 1-1-3　Python 的应用

想一想

Python 语言作为目前编程语言领域中最流行的语言，除了图 1-1-3 所示的应用外，Python 还能应用在哪些具体的领域？

第二节　Python 开发环境搭建

学习目标

1. 能在 Windows 环境下下载并安装 Python。
2. 能搭建 Python 的开发环境。
3. 掌握 Python 程序的创建、编辑和运行方法。
4. 了解 Python 第三方常用集成开发环境。
5. 能下载并安装 PyCharm 集成开发环境。
6. 能使用 PyCharm 集成开发环境编写程序。

Python 是跨平台的，可以在多种操作系统上运行。在 Windows 系统中编写的 Python 程序可以方便地移植到 Linux、macOS 等系统上运行。本书重点介绍如何在 Windows 系统中搭建 Python 的开发环境。

一、下载并安装 Python

在使用 Python 语言编程之前，需要先搭建 Python 开发环境。Python 官方网站提供了 Python 的安装包，其中包括 Python 解释器、命令行交互环境 Shell 和简易集成开发环境 IDLE。

1. 下载 Python 安装包

（1）在浏览器中输入 Python 官方网址 https://www.python.org/，打开官方网站，单击"Downloads"链接，打开下载 Python 安装包网页，如图 1-2-1 所示。

（2）在图 1-2-1 中单击"Download Python 3.11.3"按钮，下载 Python 安装包，也可以单击"Windows"链接，进入版本的选择页面，如图 1-2-2 所示。

图 1-2-1　Python 官方网站下载页面

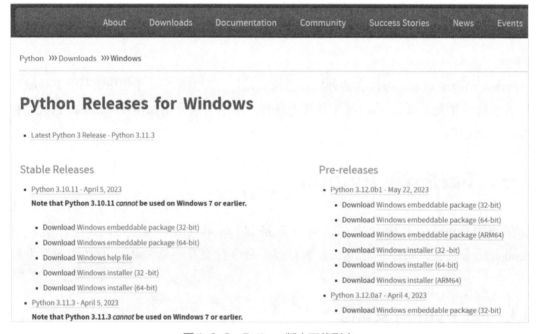

图 1-2-2　Python 版本下载列表

小提示

　　Python 版本更新快，因此，不同时期在官网上显示的最新版本有所不同，本书所使用的示例和实训都在 Python 3.11.3 环境下测试完成。

2. 安装 Python

（1）下载完成后，双击安装程序包，进入 Python 安装界面。

（2）在安装界面中选择默认安装，也可以自定义安装，如图 1-2-3 所示。

图 1-2-3　Python 安装界面

小提示

　　在安装时建议选中"Add python.exe to PATH"复选框，这样可以直接添加用户变量，不用手动添加，为后续启动程序带来方便。

（3）安装完成后，在 Windows 命令提示符窗口中输入"python –V"，查看 Python 版本信息，若能显示版本信息，如图 1-2-4 所示，则证明安装成功。

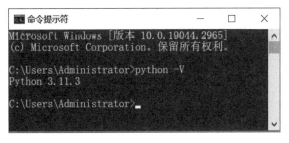

图 1-2-4　安装成功验证界面

二、使用 Python 集成开发环境 IDLE

IDLE 是 Python 软件包自带的集成开发环境，用于编写和调试 Python 程序。

1. 编写 Python 交互式代码

在"开始"菜单中选择"Python 3.11"命令，或者在 Windows 命令提示符窗口中输入 "python"命令，出现图 1-2-5 所示信息，表示已经进入 Python 交互模式。

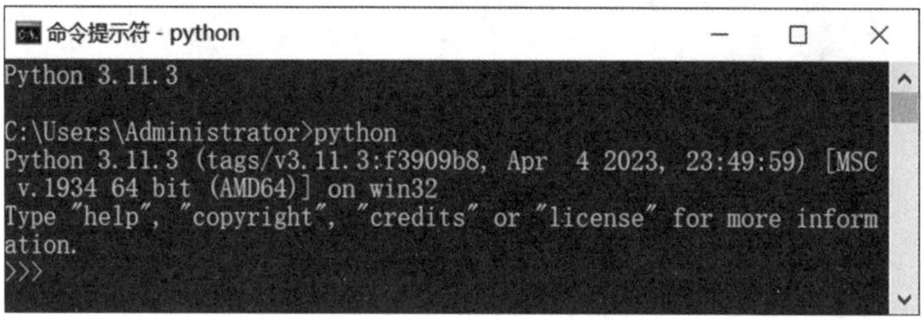

图 1-2-5　Python 交互模式

在">>>"提示符下输入 print ("Hello World!")，按回车键确认后，下一行中显示运行结果 "Hello World!"，说明程序被成功执行。

2. 编写 Python 脚本式代码

交互模式一般用于调试少量代码。通常情况下为了使代码能重复使用或执行，需要将代码保存在一个文件中。

（1）在"开始"菜单中选择"IDLE"命令，打开 IDLE 交互界面，如图 1-2-6 所示，该界面与 Windows 命令提示符窗口的 Python 交互模式功能相同。

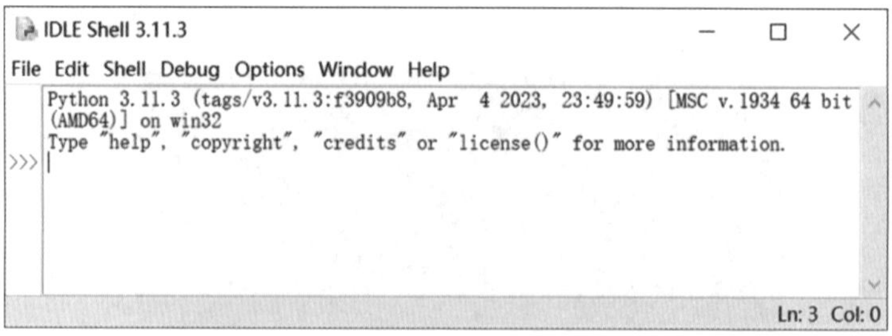

图 1-2-6　IDLE 交互界面

（2）单击"File（文件）"→"New File（新文件）"命令，打开脚本式代码编写对话框，创建一个程序文件，如图 1-2-7 所示。

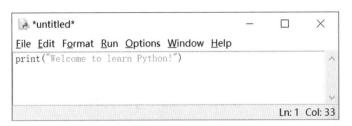

图 1-2-7　使用 IDLE 编写程序

（3）单击"File（文件）"→"Save（保存）"命令保存文件，将其保存为".py"或".pyw"（GUI 程序）文件。

（4）单击"Run（运行）"→"Run Module（运行模块）"命令运行程序，运行结果输出到交互界面中，如图 1-2-8 所示。

图 1-2-8　显示程序运行结果

三、下载并安装 PyCharm，创建 Python 文件

Python 自带的 IDLE 不提供代码语法校验、系统函数提示等功能，如果程序中有语法错误，只能在执行时检查，对初学者而言易用性不足。在实际开发中，常常使用第三方集成开发环境，例如 PyCharm、海龟编辑器和 Visual Studio Code。本书没有注明开发环境的实训都采用 PyCharm 集成开发环境。

PyCharm 是由 JetBrains 打造的一种 Python 集成开发环境，支持 Windows、Linux 和 macOS 系统，提供调试、语法高亮显示、项目管理、代码跳转、智能提示、自动完成、单元测试、

版本控制等功能，从而大大提高了 Python 的开发效率。

1. 下载 PyCharm 安装包

在浏览器中输入网址 https://www.jetbrains.com/PyCharm，打开 PyCharm 下载界面，如图 1-2-9 所示，单击"Community"中的"Download（下载）"按钮进行下载。

图 1-2-9　PyCharm 下载界面

PyCharm 安装包有专业版（Professional）和社区版（Community）两种，作为初学者，推荐下载免费试用的社区版。

2. 安装 PyCharm

（1）PyCharm 下载完成后，双击安装程序包，在弹出的对话框中单击"Next"按钮，修改安装路径或采用默认安装路径。

（2）单击"Next"按钮，在弹出的对话框中勾选"Create Desktop Shortcut"下的复选框，安装完毕会在桌面上创建快捷方式。

（3）勾选"Create Associations"下的复选框。通过这种方式可以将扩展名为".py"的文件使用 PyCharm 打开。

（4）勾选"Update PATH Variable（restart needed）"下的复选框，计算机重启后系统会更新路径变量，如图 1-2-10 所示。

（5）单击"Next"按钮，进入安装过程，并完成安装。

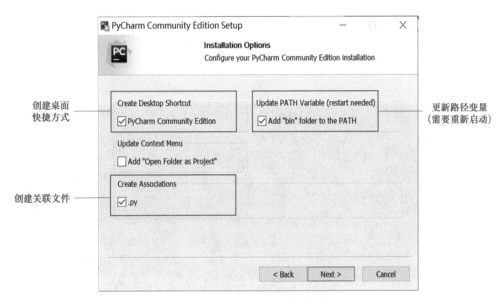

创建桌面
快捷方式

创建关联文件

更新路径变量
（需要重新启动）

图 1-2-10　PyCharm 安装界面

3. 创建 Python 文件

（1）启动 PyCharm 软件，打开 PyCharm 窗口，如图 1-2-11 所示。

图 1-2-11　PyCharm 窗口

（2）在左侧选中"Projects（项目）"选项，在右侧单击"New Project（新项目）"按钮，弹出"Create Project（创建项目）"对话框，设置 Location（位置）文件保存的路径和 Base interpreter（基本解释器）的位置，如图 1-2-12 所示。

图 1-2-12 "Create Project"对话框

PyCharm 安装完成后，首次启动时需要设置以下两个参数。

Location：输入文件保存的路径。

Base interpreter：选择一种 Python 解释器。Python 解释器是一种可以执行 Python 代码的软件程序。如果 PyCharm 未配置解释器，那么就不能执行 Python 代码。

（3）单击"Create（创建）"按钮，创建一个项目，在项目名称上单击鼠标右键，在弹出的快捷菜单中单击"New（新建）"→"Python File（Python 文件）"命令，如图 1-2-13 所示。

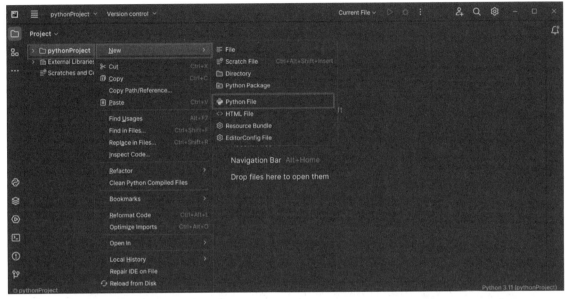

图 1-2-13　新建 Python 文件

（4）在 "New Python file" 对话框中输入文件名，如 "Welcome"，选择 "Python file" 选项，如图 1-2-14 所示，按回车键确认后，Python 文件即创建成功。

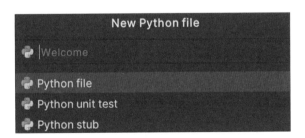

图 1-2-14　新建 Python 文件对话框

小提示

在新建 Python 文件中需要选择创建相应的文件类型，例如，选择 "Python file" 为创建 Python 文件；选择 "Python unit test" 为创建 Python 测试单元；选择 "Python stub" 为创建 Python stub 存根文件。

（5）在 PyCharm 工作窗口（代码编辑区）中输入程序代码，如 print ("Welcome to learn Python!")，单击"运行"按钮或按下快捷键 Ctrl+F5 运行程序，在工作窗口下方显示运行结果，如图 1-2-15 所示。

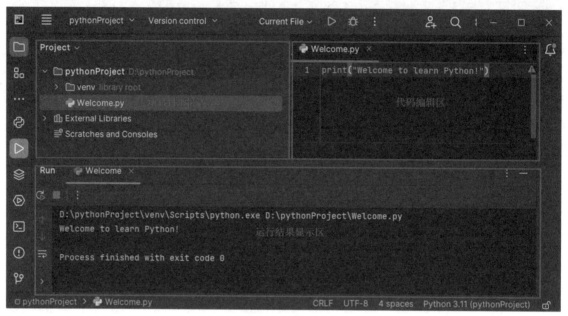

图 1-2-15　PyCharm 工作窗口

小提示

在 PyCharm 工作窗口中，项目目录区显示了当前项目中包含的所有目录和文件，如 pythonProject 项目目录存放在 D 盘中；External Libraries 是 PyCharm 中的一个文件夹，它包含了项目所使用的所有外部库，比如 Python 标准库、第三方库等；Scratches and Consoles 是 PyCharm 中存放临时文件和缓冲区列表的目录，用于缩写一些文本内容或代码片段；venv 是 Python 的虚拟环境目录。

练一练

使用 PyCharm 集成开发环境，新建文件"myClass.py"，输出学校的校训。

实训一　编写一个简单的 Python 打印图形程序

一、实训要求

编写一个简单的 Python 打印图形程序，如实训图 1-1 所示。

```
****************
* Hello,World! *
****************
```

实训图 1-1　示例图形

二、实训分析

本实训主要涉及字符输出，因此，采用 print 函数实现。

三、实训实现

1. 新建 Python 文件

在 PyCharm 集成开发环境下单击"New"→"Python File"命令，新建名为"Exp01.py"的 Python 文件。

2. 编写 Python 代码

在 PyCharm 工作窗口的代码区域中输入如下代码。

```
print ("****************")          # 输出 ****************
print ("* Hello，World!*")          # 输出 * Hello，World!*
print ("****************")          # 输出 ****************
```

Python 中使用一对单引号（'）或双引号（"）作为单行字符串的定界符。

3. 运行程序，查看结果

```
****************
* Hello,World! *
****************
```

实训图 1-2　程序运行结果

单击"运行"按钮运行程序，查看结果，如实训图 1-2 所示。

4. 解析代码

（1）print（）函数是输出函数，可以将指定的内容输出到控制台。

（2）# 为注释符号，用于在代码中添加单行注释。

练一练

新建文件"Star.py"，实现用"*"组成一个五角星图案。

第三节　Python 代码编写规范

学习目标

1. 掌握 Python 程序的缩进方法和作用。
2. 掌握 Python 程序的注释含义和方法。
3. 掌握 Python 程序的标识符含义和命名原则。
4. 了解 Python 程序的关键字。

Python 程序非常重视代码的可读性，编写程序时应遵循编写规范，养成良好的编程习惯。

一、缩进

Python 程序是通过缩进来控制代码逻辑结构的。在类定义、函数定义、选择结构和循环结构中，冒号及换行后的缩进代表代码块的开始，无缩进则表示代码块的结束。同一级别的代码块应通过设置相同的空格数来保持同样的缩进。

【例 1-3-1】判断两个数的大小，并输出相应的判断结果。

```
a = 1
b = 2
'''
判断 a 和 b 的大小；
根据 a 和 b 的大小，输出相应的结果；
最后将 a 和 b 同时输出。
'''
if a > b:
    print (" 结果为真 ")                    # 输出内容
    print ("a 大于 b")
else:
    print (" 结果为假 ")                    # 输出内容
    print ("a 小于或等于 b")
print (a, b)
```

按快捷键 Ctrl+F5 运行程序，查看运行结果，如图 1-3-1 所示。

图 1-3-1　程序运行结果

同一个代码块的语句必须包含相同的缩进空格数，缩进空格数决定了代码的作用域范围。在缩进时建议每个缩进层次使用两个空格或 4 个空格，但不能混用。同时以上代码要严格输入，不能随意输入，如大小写问题、全角半角问题、括号问题等，否则解释器在执行时将报错。

试一试

若【例 1-3-1】中的第 10 行即语句 print ("a 大于 b") 不缩进，与 else 齐平，会产生什么样的结果？

二、注释

注释是一行或多行说明性文字，用于解释代码的功能或标注相关信息。注释可以增强代码的可读性，而且注释内容不会被执行。

单行注释以 # 开头，多行注释用三个单引号 ''' 或者三个双引号 """ 将注释的内容括起来。

三、标识符

就好像每个人都有属于自己的名字一样，标识符用来作为变量、函数、类、模块以及其他对象的名称。在命名中应遵循如下原则。

1. 标识符的命名以字母或下画线开头，只能由字母、数字、下画线组成。

2. 标识符严格区分大小写，如 Teacher 和 teacher 是两个不同的标识符。

3. 标识符的命名应有意义，要"见名知意"，常用的命名法有如下三种。

（1）大驼峰命名法：每一个单词首字母大写，如 MyName。

（2）小驼峰命名法：第一个单词首字母小写，其余单词首字母大写，如 myName。

（3）下画线命名法：单词之间以下画线相连，如 my_name。

4. 自定义的标识符名称不能使用系统关键字。

小提示

标识符是否合法可以通过系统提供的字符串方法 isidentifier ( ) 来判断。如果返回值为 True，则表示是合法标识符；如果返回值为 False，则表示是非法标识符。

四、关键字

Python 中的关键字有特殊含义，不允许通过任何方式改变其含义。在 Python 3.11 中共有如下 35 个保留关键字：False、None、True、and、as、assert、async、await、break、class、continue、def、del、elif、else、except、finally、for、from、global、if、import、in、is、lambda、nonlocal、not、or、pass、raise、return、try、while、with、yield。

小提示

Python 中的关键字可以通过在 Python 交互模式下连续执行如下代码来查看。

>>>import keyword

>>>keyword.kwlist

练一练

下列标识符哪些是合法的？哪些是不合法的？为什么？

in、2student、My words、myTeacher、_test、red&black

 第四节 Python 中的输入与输出

 **学习目标**

1. 掌握 print ( ) 函数的使用方法。
2. 掌握 input ( ) 函数的使用方法。
3. 掌握格式化输出的方法。

Python 是一种高级语言，提供了许多内置函数，其中输入输出函数是最常用的函数，它们允许程序与用户交互并处理数据。

一、input ( ) 函数

在 Python 中，使用 input ( ) 函数获得用户从键盘输入的内容，返回类型为字符串。

格式： input ([提示信息])

功能： 接收用户输入的信息，以回车键结束输入。

说明： [提示信息] 为字符串数据，用于对用户输入进行简短的提示，返回类型为字符串。

【例 1-4-1】在 Python 交互模式下输入如下内容。

```
>>> num=input (" 请输入一个数 :")          # 从键盘上输入一个数并存放到 num 变量中
请输入一个数 : 6
>>> num                                    # 显示 num 的值
'6'
```

> **想一想**
>
> 为什么本例中显示 num 值时，6 是用单引号括起来的？能否将 6 的单引号去除呢？请自行查阅资料修改程序并去除单引号。

二、print ( ) 函数

Python 中使用 print ( ) 函数输出相应的内容。

格式： print ([输出列表][, sep='   '][, end=' \n'])

功能： 输出指定的内容。

说明：

1. 参数 "输出列表" 为要输出的内容，多个输出项之间用逗号分隔。

2. 参数 "sep" 用于指定输出内容之间的分隔符，默认为空格。

3. 参数 "end" 用于指定结束标志符，默认为换行符 "\n"。

【例 1-4-2】在 Python 交互模式下输入如下内容。

```
>>> print ("welcome to Hangzhou!")          # 输出一个字符串
welcome to Hangzhou!
>>> print (1 + 2)                            # 输出一个表达式的值
3
>>> print (4, 5, 6)                          # 输出多个数据，默认以空格分隔
4  5  6
>>> print (4, 5, 6, sep=", ")                # 输出多个数据，指定分隔符为逗号
4, 5, 6
```

三、格式化输出

在 Python 中，支持以两种方式来实现格式化输出。

1. 格式符 %

通过格式符 % 来实现字符串格式化输出，其语法格式如下。

"%[-][+][0][m][n] 格式字符 "%x

在以上语法格式中，[ ] 表示该项为可选项。格式符和格式字符的含义见表 1-4-1。

表 1-4-1　格式符和格式字符的含义

格式符	含义
%	格式标志，表示开始
-	指定左对齐输出
+	输出数据为正数时，添加 +
0	指定空位填 0
m	设置输出的最小宽度
n	设置输出的精度
格式字符	设置转换的数据类型
%	格式运算符
x	待转换的表达式

例如，"%+010.2f"%123.4567 的输出结果为 '+000123.46'。

说明如下。

（1）第一个 % 为格式标志，表示格式开始。

（2）+ 表示输出正数时在数值前添加 +。

（3）第 1 个 0 表示为指定空位补 0。

（4）10 表示输出的最小宽度，即输出 10 位，如果输出数据不足 10 位，则需补齐；如果输出数据超过 10 位，则按实际情况输出。

（5）.2 表示输出的精度，即保留两位小数。

（6）f 表示格式字符，输出数据类型应按要求转换，此处为浮点数。常用的格式字符见表 1-4-2。

（7）第二个 % 为格式运算符，固定模式。

（8）123.4567 表示待转换的数据，由于保留两位小数，所以输出时需要四舍五入。

（9）格式字符串需要用双引号 " " 括起来。

表 1-4-2　常用的格式字符

% 格式字符	描述
%c	格式化输出 ASCII 数值对应的字符
%s	格式化输出字符串
%d	格式化输出整数
%u	格式化输出无符号整数
%o	格式化输出无符号八进制数
%x	格式化输出无符号十六进制数
%X	格式化输出无符号十六进制数（大写）
%f	格式化输出浮点数，可指定小数点后的精度

【例 1-4-3】在 Python 交互模式下输入如下内容。

```
>>> print ("%c"%66)              # 将 66 按字符格式输出
B
>>> print ("%d"%123.45)          # 将 123.45 按整数格式输出
123
```

```
>>> print ("%.1f"%123.45)           # 将 123.45 按浮点数格式输出，保留一位小数
123.5
>>> print ("%10.1f"%123.45)         # 输出宽度不足，前面加 5 个空格补足
     123.5                          # 前面 5 个空格，正好在上一行 123.5 之后输出
>>> print (" 姓名 : %s, 年龄 : %d"% (" 李明 ", 18) )      # 按对应的格式符输出
姓名 : 李明 , 年龄 : 18
```

练一练

将圆周率的值 3.1415926 保留两位小数输出，同时输出 ASCII 值 97 对应的字符，输出时请给出文字说明。

2. format ( ) 函数

除了格式符 % 可以进行格式化输出外，Python 还提供了 format ( ) 函数进行格式化输出。

格式： 字符串 .format (输出列表)

功能： 将字符串当成一个模板，通过传入的参数进行格式化，并使用 "{ }" 作为特殊字符代替 "%"。

说明： { } 中的内容用于指向传入对象在 format ( ) 中的位置，可以是数字表示的位置，也可以是关键字参数。

【例 1-4-4】在 Python 交互模式下输入如下内容。

```
>>> print (" 姓名 : {1}, 年龄 : {0}".format (18, " 李明 ") )           # 指定位置
姓名 : 李明 , 年龄 : 18
>>> print (" 姓名 : {name}, 年龄 : {age}".format (age=18, name=" 李明 ") )   # 关键字参数
姓名 : 李明 , 年龄 : 18
```

试一试

若将【例 1-4-4】中参数 { } 省略会输出什么呢?

利用 format ( ) 函数进行格式化输出时，也可以使用格式符来指定输出宽度、对齐方式、补零、小数精度等。format ( ) 函数中可用的格式符见表 1-4-3。

表 1-4-3　format（ ）函数中可用的格式符

语句	格式符	数值	输出	描述
print ("{: .2f}".format (3.141))	{: .2f}	3.141	3.14	保留小数点后两位
print ("{: +.2f}".format (3.141))	{: +.2f}	3.141	+3.14	带符号保留小数点后两位
print ("{: +.2f}".format (−2))	{: +.2f}	−2	−2.00	带符号保留小数点后两位
print ("{: .0f}".format (2.71))	{: .0f}	2.71	3	不带小数部分（四舍五入）
print ("{: 0>3d}".format (6))	{: 0>3d}	6	006	数字补 0（填充左边，宽度为 3）
print ("{: x<5d}".format (60))	{: x<5d}	60	60xxx	数字补 x（填充右边，宽度为 5）
print ("{: , }".format (10000))	{: , }	10000	10,000	以逗号分隔的数字格式
print ("{: .2%}".format (0.36))	{: .2%}	0.36	36.00%	百分比格式
print ("{: .1e}".format (1200))	{: .1e}	1200	1.2e+03	指数记法
print ("{: >6d}".format (10))	{: >6d}	10	10	右对齐，宽度为 6
print ("{: <6d}".format (10))	{: <6d}	10	10	左对齐，宽度为 6
print ("{: ^6d}".format (10))	{: ^6d}	10	10	居中对齐，宽度为 6

【例 1-4-5】在 Python 交互模式下输入如下内容。

```
>>> print ("{: .3f}".format (3.1415926) )        # 保留三位小数输出
3.142
>>> print ("{1: .2f}".format (12, 34) )          # 将 format 中第二个数据保留两位小数输出
34.00
>>> print ("{: .2%}".format (0.12) )             # 按百分比格式输出
12.00%
>>> print ("{: 0>2d}".format (6) )               # 数字补零 ( 填充左边，宽度为 2)
06
```

练一练

1. 请用 format ( ) 函数以两种不同的方式格式化输出 "again and again" 和 "by and by"。

2. 请用 format ( ) 函数格式化输出 "李明编号：00036"。

3. 请输入每天需要消耗的卡路里，并以 "我每天需要消耗的卡路里：×××" 输出，×××为输入的值（保留两位小数）。

学习目标

1. 了解程序流程图的作用。
2. 能分辨程序流程图中常见的图例及用途。
3. 能绘制并设计程序流程图。

软件开发一般包括需求分析、设计、实施、测试和维护这 5 个阶段，其中设计阶段可以使用多种工具描述算法的详细流程，如程序流程图、N–S 图、UML 中的时序图和状态图等。本书程序设计中所用的是程序流程图。程序流程图是算法的图形描述，可以清晰地描述算法的思路和过程，用于分析 Python 执行中的程序流程。

一、程序流程图的作用

程序流程图又称程序框图，是用统一规定的标准符号描述程序运行具体步骤的图形。程序流程图通过对输入输出数据和处理过程的详细分析，将计算机的主要运行步骤和内容标识出来。

例如，把大象放进冰箱可分为三步：第一步，打开冰箱门；第二步，把大象放进去；第三步，关上冰箱门。使用程序流程图描述以上操作步骤，如图 1–5–1 所示，包含开始、结束和中间的执行步骤，并用有方向的线表示流程执行的方向。

```
┌─────────┐
│  开始   │
└─────────┘
     ↓
┌─────────┐
│打开冰箱门│
└─────────┘
     ↓
┌─────────┐
│把大象放进去│
└─────────┘
     ↓
┌─────────┐
│关上冰箱门│
└─────────┘
     ↓
┌─────────┐
│  结束   │
└─────────┘
```

图 1-5-1　把大象放进冰箱的
程序流程图

二、程序流程图的图例

图 1–5–1 中使用了两种图例，即起止框和处理框。程序流程图中常见的图例见表 1–5–1。

表 1-5-1　程序流程图中常见的图例

编号	图例	名称	含义
1	⬭	起止框	程序流程图的开始或结束
2	▭	处理框	具体处理某一个步骤或操作
3	▱	输入 / 输出	数据输入或结果输出
4	◇	判断框	条件判断
5	→	流程线	流程行进方向
6	○	连接点	程序流程图的待续符号，圆圈中通常用数字表示

想一想

在程序流程图中除了常见图例外，还有哪些特殊的图例?

【**例1-5-1**】某软件工具资源网站提供下载服务功能，用户登录后才可下载该网站资源，请设计一个用户登录的程序流程图。

图 1-5-2 所示为判断用户名和密码是否匹配的用户登录的程序流程图。程序流程图都是有开始和结束的，应先绘制一个开始图例（起止框）。在登录框中输入用户名，在密码框中输入密码，所以绘制两个输入 / 输出框。然后判断用户名和密码是否正确，所以用菱形（判断框）表示，判断框只有两种判断结果，第一种是用户名和密码输入是不正确的，那么就会要求继续输入用户名和密码；第二种是用户名和密码输入是正确的，那么就会显示"登录成功"，并结束用户登录程序。

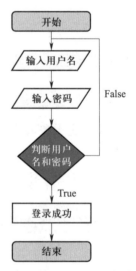

图 1-5-2　用户登录的程序流程图

练一练

请用程序流程图模拟十字路口交通信号灯的工作流程。已知有东、南、西、北方向的4个交通信号灯，红灯、绿灯、黄灯显示时间分别为 20 s、15 s 和 6 s，东、西方向两个交通信号灯同步显示，南、北方向两个交通信号灯同步显示，并以单击"停止"按钮作为工作流程的结束标志。

图 1-5-2 所示程序流程图实现了【例 1-5-1】用户登录功能，但在实际应用中还存在着一些问题，请将出现的问题、改进方法、修正后的程序流程图列在下面的方框中。

1. 在 Python 交互模式下显示自己的姓名。
2. 在 PyCharm 集成开发环境下输入一个数，并保留两位小数输出。
3. 使用程序流程图表示出校园广播上下课铃声系统的工作流程。

第二章　Python 基础语法

要熟练掌握一门编程语言，最好的途径就是充分理解编程语言的基础语法，并亲自体验。在程序这个世界中，变量与常量是最基本的两类元素，每一段程序都离不开它们。在程序中，输入与输出的相关数据通常通过变量和常量来存储与访问；而存储的数据在计算机内存中会表现为不同的类型，在计算机中，把数据分成了数值、布尔、字符串及列表等不同的数据类型，使用运算符可以将不同类型的数据连接起来并运算。

在本章中，通过"变量与常量""运算符""数值型与布尔型""字符串""数据类型转换"和两个实训等，认识变量和常量的概念与作用，学会使用变量、常量和运算符组成表达式，理解数据类型的转换原理。

第一节　变量与常量

学习目标

1. 掌握变量的含义和命名规则。
2. 掌握变量的三个特征。
3. 掌握为变量赋值的含义。
4. 了解常量的概念。

在程序世界中，可以让计算机按照指令做很多事情，例如，进行图像处理、科学计算、自动化控制、即时通信等。要完成这些工作，程序就需要使用数据来承载各类信息，变量和常量就是数据承载的两种形式。

一、变量

1. 变量的含义

顾名思义，变量是指在程序运行过程中其值会发生变化的量，必须先为变量赋值，然后才能使用变量。Python 中的变量无须事先声明类型，可以在使用过程中通过赋值结果自动判断类型。

2. 变量的命名

变量名属于标识符范畴，其命名规则与标识符的命名规则一致。当变量被使用时，在计算机内存中产生两个动作，一是开辟了指定地址的空间，二是赋予指定的变量值。在 Python 语言中，变量必须强制赋值才能使用，否则解释器会报错。

【例 2-1-1】在 Python 交互模式下输入如下内容并执行。

>>> name　# 变量 name 未被赋值，解释器认为非法，提示未定义错误，如下为出错信息
Traceback (most recent call last):
　　File "<stdin>"，line 1, in <module>
NameError: name 'name' is not defined
>>> name="jack"　# 将变量 name 赋值为字符串 "jack"，解释器执行通过

3. 变量的特征

变量被定义后，就具备了三个特征：标识、数据类型和值。获取以上三个特征的方法分别是 id（变量名）、type（变量名）和变量名。

【例 2-1-2】在 Python 交互模式下输入如下内容并执行。

>>> num=1　　　　　　　　　　　　　　# 通过变量赋值，定义一个变量 num
>>> print (id (num))　　　　　　　　# 输出变量 num 的标识
1616528785040
>>> print (type (num))　　　　　　　# 输出变量 num 的数据类型
<class 'int'>
>>> num　　　　　　　　　　　　　　# 输出变量 num 的值
1

对于相同的值，id ( ) 函数在不同的计算机、不同的操作系统和不同的解释器下具有不同的值，这与 Python 的内存分配机制相关。

4. 为变量赋值的含义

将一个值赋给某个变量的过程，称为赋值。将确定的值赋给变量的语句称为赋值语句。

在【例 2-1-2】中已经实现对变量 num 的赋值，经过赋值后的 num 值为 1。

格式： 变量名 = 值或表达式，如 a=10 或 a=3+5。

功能： "=" 称为赋值号，将 "=" 右边的值或表达式计算的结果赋给 "=" 左边的变量，使变量获得一个值和相应的数据类型。

在 Python 中允许同时为多个变量赋值，以提高程序员编写程序的效率。

【例 2-1-3】观察以下内容，在横线上填写输出结果，并在 Python 交互模式下验证。

```
>>> a=b=c=10                    # 将变量 a、b、c 同时赋值为 10
>>> print (a, b, c)             # 输出三个变量的值
10 10 10
>>> a, b, c=20, 20, 20          # 将变量 a、b、c 同时赋值为 20
>>> print (a, b, c)
_____
```

试一试

如果要为 a、b、c 三个变量赋不同的值，如 1、2、3，请分别使用两种不同的方法实现。

5. 变量的类型

变量都是有类型的，Python 语言中变量的类型在赋值后才被确定。例如 a=1，那么 a 就是整数类型；a="NO"，那么 a 就是字符串类型；a=False，那么 a 就是布尔类型。Python 语言的基本数据类型将在后续章节中介绍。

二、常量

变量对应的是常量。常量是指在程序运行中其值保持不变的量，如 print ("OK")，这个"OK"就是常量。

练一练

请判断下面的语句或说法是否正确。

1. a，b，c=10。

2. Python 中的变量在使用前必须事先声明类型，并且一旦声明就不能改变其类型。

3. 在执行 a=1；id (a)；a="Python"；id (a) 时，第一个 id 的值与第二个 id 的值是相同的。

第二节 运算符

学习目标

1. 了解运算符的分类。

2. 掌握算术、赋值、关系、逻辑、成员等常用运算符的使用方法。

3. 掌握表达式运算中的优先级顺序。

一、运算符的分类

在 Python 中要对数据进行运算，可以通过各种运算符来实现。运算符将不同的数据连接起来就组成了表达式，同时又可以实现运算的功能。Python 提供了丰富的运算符，本节重点介绍算术运算符、赋值运算符、关系运算符、逻辑运算符和成员运算符。

1. 算术运算符

Python 中主要的算术运算符见表 2-2-1。请根据运算符功能，在表中横线上填写相应结果。

表 2-2-1　算术运算符

运算符	含义	功能描述	示例
+	加	两个数相加	print（6+4） 输出_____
−	减	两个数相减	print（6-4） 输出_____
*	乘	两个数相乘	print（6*4） 输出_____
/	除	两个数相除	print（8/4） 输出_____
%	取模，即获得余数	取除法的余数	print（6%4） 输出_____
**	求幂	取 x 的 y 次幂	print（6**4） 输出_____
//	取整除	取两个数相除的整数部分	print（6//4） 输出_____

练一练

在 Python 交互模式下输入表 2-2-1 中的示例，并查看输出结果与填写的内容是否一致。

2. 赋值运算符

Python 中提供了一系列与算术运算符相关的赋值运算符，见表 2-2-2。请根据运算符功能，在表中横线上填写相应结果。

表2-2-2　赋值运算符

运算符	含义	运算规则描述	示例
=	简单赋值	x=y+z，即将 y+z 的运算结果赋给 x	y, z=1, 2; x=y+z; print (x) 输出_____
+=	加法赋值	x+=y，相当于 x=x+y	x, y=5, 3; x+=y; print (x) 输出_____
-=	减法赋值	x-=y，相当于 x=x-y	x, y=5, 3; x-=y; print (x) 输出_____
*=	乘法赋值	x*=y，相当于 x=x*y	x, y=5, 3; x*=y; print (x) 输出_____
/=	除法赋值	x/=y，相当于 x=x/y	x, y=5, 3; x/=y; print (x) 输出_____
%=	取模赋值	x%=y，相当于 x=x%y	x, y=5, 3; x%=y; print (x) 输出_____
**=	幂赋值	x**=y，相当于 x=x**y	x, y=5, 3; x**=y; print (x) 输出_____
//=	整除赋值	x//=y，相当于 x=x//y	x, y=5, 3; x//=y; print (x) 输出_____

练一练

在 Python 交互模式下输入表 2-2-2 中的示例，并查看输出结果与填写的内容是否一致。

小提示

如果一个已定义的变量被赋新值，新的值会替换该变量中原先存储的值。在 Python 中一行可以编写多条语句，语句间用 ";" 分隔。

3. 关系运算符

Python 中定义了一种数据类型，即布尔型（bool），布尔型有两个常量，即 True 和 False。关系运算符也称比较运算符，根据表达式的值返回布尔型 True（真）或 False（假），常用于条件判断。Python 中的关系运算符见表 2-2-3。请根据运算符功能，在表中横线上填写相应结果。

表 2-2-3　关系运算符

运算符	含义	运算规则描述	示例
<	小于	x<y，x 小于 y 时返回 True，否则返回 False	x, y=1, 2; print (x<y) 输出_____
<=	小于等于	x<=y，x 小于等于 y 时返回 True，否则返回 False	x, y=5, 3; print (x<=y) 输出_____
>	大于	x>y，x 大于 y 时返回 True，否则返回 False	x, y=5, 3; print (x>y) 输出_____
>=	大于等于	x>=y，x 大于等于 y 时返回 True，否则返回 False	x, y=5, 3; print (x>=y) 输出_____
==	等于	x==y，x 等于 y 时返回 True，否则返回 False	x, y=5, 3; print (x==y) 输出_____
!=	不等于	x!=y，x 不等于 y 时返回 True，否则返回 False	x, y=5, 3; print (x!=y) 输出_____

练一练

在 Python 交互模式下输入表 2-2-3 中的示例，并查看输出结果与填写的内容是否一致。

【例 2-2-1】判断以下各表达式的结果。

（1）"bad">"dad"　　　　　　　　　（2）"nba" == nba

（3）""! = 0　　　　　　　　　　　　（4）10>"9"

解析：

（1）比较字符串大小，其实就是依次比较每个字符的 ASCII 码的大小。

（2）若变量未被赋值，则不能被使用。

（3）" " 是空字符串，0 是一个数值，不等于空。

（4）数值不能和字符串比较大小。

上述表达式的结果如下所示。

（1）False。

（2）出错。

（3）True。

（4）出错。

4. 逻辑运算符

逻辑运算符用于连接布尔型的数据，用 bool ( ) 函数可将任意类型的数据转换为布尔型。Python 中的逻辑运算符见表 2-2-4。请根据运算符功能，在表中横线上填写相应结果。

表 2-2-4　逻辑运算符

运算符	含义	运算规则描述	示例
and	与	只有 and 两侧的逻辑值都为 True 时，其结果为 True，在其他情况下为 False	print (1 and 0) 输出_____
or	或	只有 or 两侧的逻辑值都为 False 时，其结果为 False，在其他情况下为 True	print (True or False) 输出_____
not	非	not True 的值为 False，not False 的值为 True	print (not 1) 输出_____

练一练

在 Python 交互模式下输入表 2-2-4 中的示例，并查看输出结果与填写的内容是否一致。

小提示

在 Python 中用 True 和 False 表示逻辑值，用于逻辑判断。True 可以用 1 替代，表示"真"；False 可以用 0 替代，表示"假"。

非零数字、非空对象等，其逻辑值为真，如 bool（-1）、bool（"abc"）；数字零、空对象等，其逻辑值为假，如 bool(0)、bool("")，其中空对象包括 None、空字符串、空列表、空元组、空字典等。

5. 成员运算符

数值序列、字符串、列表、元组、字典等集合概念对象可以通过成员运算符判断一个元素是否在某一个序列中。Python 中的成员运算符见表 2-2-5。请根据运算符功能，在表中横线上填写相应结果。

表 2-2-5　成员运算符

运算符	含义	运算规则描述	示例
in	在序列中	如果元素在指定的序列中，则结果为 True，否则为 False	print ("an" in "angel") 输出_____
not in	不在序列中	如果元素不在指定的序列中，则结果为 True，否则为 False	print (1 not in [1, 2, 3]) 输出_____

练一练

在 Python 交互模式下输入表 2-2-5 中的示例，并查看输出结果与填写的内容是否一致。

除了上述介绍的 5 种运算符外，Python 语言还提供了身份运算符和位运算符，读者可自行探索其使用方法。

二、运算符的优先级

当一个表达式中包含多种类型的运算符时，表达式的运算按照运算符的优先级"从高到低、从左到右"的顺序进行。运算符的优先级见表 2-2-6。

表 2-2-6　运算符的优先级

优先级顺序	运算符类型	运算符	运算符名称
1	算术运算符	**	求幂
2		*、/、%、//	乘、除、取模、取整
3		+、−	加法、减法

续表

优先级顺序	运算符类型	运算符	运算符名称
4	关系运算符	>、<、<=、>=、==、!=	—
5	赋值运算符	=、%=、/=、//=、-=、+=、*=、**=	—
6	成员运算符	in、not in	—
7		not	非运算
8	逻辑运算符	and	与运算
9		or	或运算

表 2-2-6 中的各运算符优先级顺序是从上到下依次降低的，同一级中的运算符以表达式中运算符的先后顺序从左到右依次运算。若表达式中有括号 ( ) 的，则优先计算括号 ( ) 中的表达式。

【例 2-2-2】计算 19//3 ** 2%4 and 6<2 的值。

解析：

根据运算符优先级顺序，题中的各运算符优先级从高到低依次为：**、//、%、<、and。因此，该表达式的运算顺序为：

（1）计算 3 ** 2，其结果为 9。

（2）计算 19//9，其结果为 2。

（3）计算 2%4，其结果为 2。

（4）计算 6<2，其结果为 False。

（5）计算 2 and False，其结果为 False。

请在 Python 交互模式下验证此结果。

练一练

将华氏温度转化为摄氏温度的公式为 C=（F-32）*5/9，请编写程序，输入一个华氏温度并输出相应的摄氏温度。

实训二 设计手机流量计费器程序

在学习了变量与常量、运算符与表达式相关知识后，下面借助设计手机流量计费器程序来巩固对这些知识的理解。

一、实训要求

设计一个手机流量计费器程序。已知某网络运营商手机月流量计费标准如下：用户上网时流量先按 0.29 元 /MB 收费，在累计计费达到 60 元后，用户可继续使用流量至 1 024 MB 不收费。

二、实训分析

本实训主要涉及运算和条件判断问题，用户输入使用流量值（n），根据计费标准计算相应的使用费用（v）。

1. 程序流程图

根据手机月流量计费标准，设计实训图 2-1 所示程序流程图。

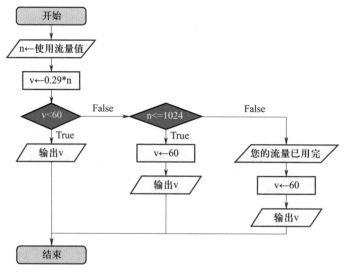

实训图 2-1　程序流程图

2. 关键说明

本实训中用到了选择结构 if 语句和 float ( ) 函数，float ( ) 函数的作用是将字符串型转换成浮点型，if 语句的基本语法将会在后续章节中详细介绍。

三、实训实现

1. 新建 Python 文件

在 PyCharm 集成开发环境下单击"New"→"Python File"命令，新建名为"Exp02.py"的Python 文件。

2. 编写 Python 代码

在 PyCharm 工作窗口的代码区域中输入如下代码，并在理解下列代码意义的基础上，在横线上将代码补充完整。

```
n=float (input (" 请输入本月手机已使用流量值：" ) )
v=0.29*n
if v<60:                                          # 判断流量使用费用是否超出 60 元
    print (" 您本月的流量使用费用 : %.2f " % v)      # 输出流量使用费用，并保留两位小数
elif n<=1024:                                      # 判断流量是否超出 1024 MB
    v=60
    print (" 您本月的流量使用费用 : %.2f " % v)
else:
    print (" 您的流量已用完！" )

    _____
    print (" 您本月的流量使用费用 : %.2f " % v)
```

3. 运行程序，查看结果

单击"运行"按钮运行程序，查看运行结果，如实训图 2-2 所示。

请输入本月手机已使用流量值：*500*
您本月的流量使用费用:60.00

实训图 2-2　程序运行结果

4. 解析代码

（1）由于 input（）函数返回值为字符串型，因此，使用 float（）函数将字符串型数据转换成浮点型数据。

（2）选择结构 if 语句中的条件使用关系表达式或逻辑表达式表示，其结果为 True 或 False，根据结果执行相应的分支。

（3）程序编写中应严格遵守缩进原则。

第三节 数值型与布尔型

学习目标

1. 掌握整型、浮点型和复数这三种数值型的用法。
2. 掌握布尔型的用法。
3. 了解布尔型与数值型的关系。
4. 掌握 int（）、float（）、complex（）等函数的使用方法及三者之间的转换关系。

Python 语言中的数与数学里的数是一致的，可以通过各种运算符实现数学计算。Python 中的数值型可以分为整型、浮点型和复数。

一、整型

整型又称为整数，由正整数、零和负整数构成，如 1、0、-1。

整型有多种表示方法，常用的有十进制整型、二进制整型（以 0b 开头）、八进制整型（以 0o 开头）、十六进制整型（以 0x 开头），如 0b1101 表示二进制数 1101、0o2176 表示八进制数 2176、0x2a4b 表示十六进制数 2a4b。

在 Python 交互模式下分别输入 0b1101、0o2176、0x2a4b，并查看结果。

二、浮点型

浮点型对应于数学中的小数，由整数部分与小数部分组成，如 3.14、–1.2。浮点型数值也可以用科学计数法表示，如 2.35e4、–3E5。

在 Python 交互模式下分别输入 2.35e4、–3E5，并查看结果。

三、复数

复数是数学中的概念，由实数部分和虚数部分组成，即把实数扩展到了虚数，其数学表示形式为 a+bj（a、b均为实数）。a 称为实数部分，b 称为虚数部分，j（或 J）为虚数单位（j^2=–1），bj 称为虚数，如 5+3j、7–2j。

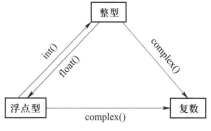

在 Python 中提供了数值型数据的转换函数。数值类型转换函数有 int ( )、float ( )、complex ( )。三者之间的转换关系如图 2-3-1 所示。

图 2-3-1　数值型数据的转换关系

【例 2-3-1】在 PyCharm 集成开发环境中输入如下代码，并查看运行结果。

```
a = 234
b = –20
c = 2.5e3
print (a + b)
print (a / b)
print (b // c)
print (int (a / b) )
```

四、布尔型

布尔型又称为逻辑型。在 Python 中用 True 和 False 表示逻辑值，用于逻辑判断。逻辑型数据是一种特殊的整型，True 可以用 1 替换，代表"真"；False 可以用 0 替换，代表"假"。

【例 2-3-2】在 PyCharm 集成开发环境中输入如下代码，并查看运行结果。

```
print (not 0)
print (not True)
print (1 and 0)
print (False or False)
print (bool (None) )
print (bool (" ") )
```

小提示

True 和 False 的首字母必须是大写字母，true 和 false 不是 Python 的关键字。

练一练

输入一个整数，将其转换成浮点数和复数并输出。

第四节 字符串

学习目标

1. 理解转义字符的含义及用法。
2. 掌握字符串的基本操作。

一、转义字符的用法

在字符串中，并不是所有字符串只要两端加了引号，就会原样输出，当遇到转义字符（\）时，其字符串格式会发生变化。在 Python 中常用的转义字符见表 2-4-1。请根据转义字符的功能，在表中横线上填写相应结果。

表 2-4-1　常用的转义字符

转义字符	含义	功能描述	示例
\	续行符	如果在字符串后加上一个 "\"，表示这行没有结束	print ("Boy\ Girl") 输出＿＿＿＿＿
\\	单个 \	当需要在字符串中表示 "\" 字符本身时	print ("Boy\\Girl") 输出＿＿＿＿＿
\n	换行	当需要在字符串中换行时	print ("Boy\nGirl") 输出＿＿＿＿＿
\t	制表符	当需要字符串输出具有一定的格式时，一个 "\t" 为 4 个空格	print ("Boy\tGirl") 输出＿＿＿＿＿
\r	回车	在遇到 "\r" 时，光标回到行首，覆盖原有内容	print ("Boy\rGirl") 输出＿＿＿＿＿
\'	单引号	当需要在字符串中表示 "'" 字符本身时	print ("Boy\'Girl\"") 输出＿＿＿＿＿
\"	双引号	当需要在字符串中表示 """ 字符本身时	print ("Boy\"Girl\"") 输出＿＿＿＿＿

练一练

在 PyCharm 集成开发环境下输入表 2-4-1 中的示例，并查看输出结果与填写的内容是否一致。

二、字符串的基本操作

字符在编写程序时应用广泛。在 Python 中，可以用成对的单引号（'）、双引号（""）或三引号（"""）将多个字符组成字符串，其中三引号还支持多行字符串。本书中主要使用双引号表示字符串。

字符串基本操作包括读取、合并和删除。字符串是一组字符的序列，一旦定义，就不可改变。访问字符串中的某个字符需要知道字符所在的位置，即索引，索引是从 0 开始编号的。以 "Hello，World!" 为例，该字符串中每个字符对应的索引见表 2-4-2。

表 2-4-2　字符串索引

字符	H	e	l	l	o	,	W	o	r	l	d	!
索引	0	1	2	3	4	5	6	7	8	9	10	11

1. 读取字符串

从表 2-4-2 中可以看出，字符串中每个字符都对应了一个索引，可以使用 [索引] 方式读取字符串对应的值。

（1）通过单索引读取

格式： 变量 [索引]

功能： 读取字符串中的某个字符。

【例 2-4-1】观察以下内容，在横线上填写运行结果，并在 Python 交互模式下验证。

```
>>> str1="Hello, World!"
>>> str1[0]
'H'
>>> str1[6]
```

————

（2）通过切片读取

在 Python 中通过 [begin：end] 方式，获取集合中的部分元素的操作称为切片。需要注意的是切片产生的字符串不包含 end 位置的字符。

格式： 变量 [begin：end]

功能： 读取字符串中的部分字符。

说明： begin 表示起始索引，end 表示结束索引。

【例 2-4-2】观察以下内容，在横线上填写运行结果，并在 Python 交互模式下验证。

```
>>> str1="Hello, World!"          # 为字符串变量赋值
>>> str1[7: 9]                    # 读取索引 7、8 的字符
'or'
>>> str1[: 5]                     # 省略起始索引，读取索引 0 ~ 4 的字符
'Hello'
>>> str1[6: ]                     # 省略结束索引，读取从索引 6 开始的所有字符
_____
>>> str1[: ]                      # 读取整个字符串，等同于 str1
'Hello, World!'
>>> str1[: : 2]                   # 带步长的切片读取，步长为 2，读取对应字符
'HloWrd'
>>> str1[-1]                      # 从右向左，读取右边第一个字符
'!'
>>> str1[-3: -1]                  # 从右向左，读取倒数第三个和第二个字符
____
```

2. 合并字符串

字符串可以通过加号（+）进行合并操作。如字符串表达式 "tom"+"&"+"jerry"，经过合并运算后得到的新字符串为 "tom&jerry"。

3. 删除字符串

格式： del（变量）

功能： 删除字符串。字符串一旦被删除后，则该引用不再指向具体对象，字符串在内存中被清空，再次被调用将会报错。如执行 del（str1）后，再次调用 str1 将报错。

> **练一练**
>
> 请编程实现如下功能：输入一个身份证号，根据身份证号特征，按"××××年××月××日"输出身份证所有者的出生日期。

第五节 数据类型转换

学习目标

1. 了解数据类型的转换方法。
2. 能运用 float ( )、str ( )、repr ( )、chr ( )、ord ( )、hex ( )、oct ( )、bin ( )、eval ( ) 等函数实现数据类型的转换。

在实际应用中，经常需要对数据类型进行转换，为此 Python 提供了一些内置函数实现数据类型转换，见表 2-5-1。请根据转换函数功能，在表中横线上填写相应结果。

表 2-5-1　常用数据类型转换函数

函数	功能描述	示例
int (x[，base])	将 x 转换为一个整数，base 为进制数，默认为十进制数	int (True) 显示_____
float (x)	将 x 转换为一个浮点数	float (10) 显示_____
str (x)	将 x 转换为字符串	str (5.32) 显示_____
repr (x)	将 x 转换为字符串格式	repr (5.32) 显示_____
chr (x)	将一个整数转换为一个字符	chr (65) 显示_____
ord (x)	将一个字符转换为 ASCII 值	ord ("a") 显示_____
hex (x)	将一个整数转换为十六进制形式的字符串	hex (25) 显示_____

续表

函数	功能描述	示例
oct（x）	将一个整数转换为八进制形式的字符串	oct (25) 显示_____
bin（x）	将一个整数转换为二进制形式的字符串	bin (25) 显示_____
eval（str）	用来计算 Python 字符串中的表达式	eval ("2+4") 显示_____

练一练

在 Python 交互模式下输入表 2-5-1 中的示例，并查看显示结果与填写的内容是否一致。

小提示

str ( ) 和 repr ( ) 都能实现字符串的转换，但 str ( ) 主要面向的是用户，其目的是增强可读性，返回数据类型为字符串；而 repr ( ) 面向的是 Python 解释器，其目的是保证解释器读取数据时的准确性，其返回数据类型也为字符串，通常在编程人员调试程序时使用。

实训三　设计学生成绩统计系统程序

学习了数值数据类型和字符串的使用方法，了解了各数据类型的转换方法后，接下来围绕设计学生成绩统计系统程序巩固这部分的知识。

一、实训要求

统计某名学生各科成绩的总分和平均分（保留两位小数），并显示该学生所在班级。已知学生李明的学号为 3300425（学号中第四至第五位表示班级号），其语文、数学和英语成绩分别为 76、85、83。

二、实训分析

本实训主要涉及学生的学号（stuid）、姓名（name）、语文成绩（chinese）、数学成绩（math）、英语成绩（english）等数据的输入，总分（total）、平均分（average）计算和班级（classid）识别等处理，最终实现相关数据输出。在输入、处理及识别过程中涉及数据类型转换、小数位数的保留和字符串切片等，在输出时注意保持每个数据具有一定的间隔。

1. 程序流程图

根据学生成绩统计要求设计实训图 3-1 所示程序流程图。

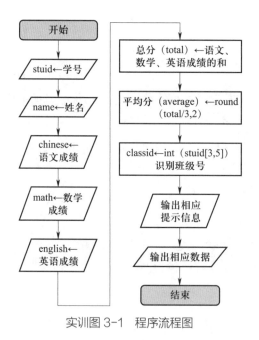

实训图 3-1　程序流程图

2. 关键说明

本实训中使用了 round（）函数，其作用为将数四舍五入，保留规定的小数位数，其格式为 round (x, n)，x 为数值型数据，n 为保留的小数位数。

三、实训实现

1. 新建 Python 文件

在 PyCharm 集成开发环境下单击"New"→"Python File"命令，新建名为"Exp03.py"的 Python 文件。

2. 编写 Python 代码

在 PyCharm 工作窗口的代码区域中输入如下代码，并在理解下列代码意义的基础上，在横线上将代码补充完整。

```
stuid = input (" 请输入一位学生的学号 : ")
name = input (" 请输入这位学生的姓名 : ")
chinese = float (input (" 请输入这位学生的语文成绩 : ") )
math = _____            # 输入学生的数学成绩
english = float (input (" 请输入这位学生的英语成绩 : ") )
total = chinese+math+english                       # 求总分
average = round (total/3, 2)                        # 求平均分并保留两位小数
_____                            # 识别班级号
print ("\t", " 班级 ", "\t", " 学号 ", "\t", " 姓名 ", "\t", " 语文 ", "\t", " 数学 ", "\t"," 英语 ", "\t", \
    " 总分 ", "\t", " 平均分 ")
print ("\t", classid, "\t", stuid, "\t", name, "\t", chinese, "\t", math, "\t", english, "\t", total, "\t", \
    average)
```

3. 运行程序，查看结果

单击"运行"按钮运行程序，查看运行结果，如实训图 3-2 所示。

4. 解析代码

（1）由于 input ( ) 函数输入的数据为字符串，成绩一般为数值型数据且可能有 0.5 分的判定，因此，使用 float ( ) 函数将字符串型数据转换成浮点型数据。

（2）round ( ) 函数的作用是四舍五入保留规定的小数位数，round（total/3, 2）用来计算总分除以 3 的平均分并保留两位小数。

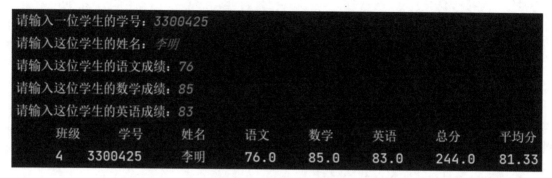

实训图 3-2　程序运行结果

（3）根据学号的编码规则，班级号为学号的第四至第五位，因此，通过字符串切片处理获取相应的字符串，同时为了去掉所取字符串最左侧的 0，通过 int（）函数，将字符串转换为整数类型。

（4）为了使数据输出更加整洁美观，可使用制表符使数据间保持一定间隔，在 print（）函数中使用了转义字符"\t"。

（5）print（）语句末尾的 "\" 表示续行符。

请运行实训三设计学生成绩统计系统程序，在下面的方框中记录输入的数据和输出的结果，若出现错误，请分析原因并修正。

拓展练习

1. 编程求一个 4 位数的各位数字之和，例如 1234 的各位数字之和为 1+2+3+4=10。

2. 编程模拟计算器功能，实现加、减、乘、除等运算。

3. 编程实现已知矩形的长和宽，求矩形的周长和面积。

4. 某市居民生活用电标准采用两段制分时电价：峰时段（每日 8：00—21：00）电价为 0.558 3 元 / 度，谷时段（每日 21：00—次日 8：00）电价为 0.358 3 元 / 度。编程实现用户分别输入某月峰时段和谷时段的用电度数，计算该月用电费用。

第三章　程序控制结构

在实际生活和工作中经常会遇到一些情况，需要分析问题的内在联系，并采用不同的程序控制结构编写程序。Python 与其他程序语言一样，也提供了三种基本的程序控制结构，分别为顺序结构、选择结构和循环结构。通过这三种基本程序控制结构，可以处理任何简单或复杂的算法，解决各类问题。

在本章中，通过"顺序结构""选择结构""循环结构"和两个实训等，学会使用 if 语句解决单分支结构、双分支结构和多分支结构的问题，掌握使用 for 语句循环遍历序列以及使用 while 语句实现循环结构。

第一节　顺序结构

学习目标

1. 理解顺序结构的含义。
2. 掌握顺序结构的逻辑关系。

顺序结构是所有程序的基础，在顺序结构中，程序按照语句的先后顺序逐条执行，直到程序的最后一条语句为止。

基本语法格式：

语句 1

语句 2

语句 3

……

语句 n

功能：

顺序结构是自上而下按语句先后顺序执行的，从语句 1、语句 2、语句 3 依次执行到语句 n，并结束程序。

【例 3-1-1】在 PyCharm 集成开发环境下从键盘输入两个变量的值，并交换它们的值。

```
a = input (" 请输入 a: ")
b = input (" 请输入 b: ")
print (" 交换前 a = { }, b = { }".format (a, b) )
a, b = b, a                                    # 交换两个变量的值
print (" 交换后 a = { }, b = { }".format (a, b) )
```

程序运行结果如图 3-1-1 所示。

```
请输入a：2
请输入b：3
交换前a=2,b=3
交换后a=3,b=2
```

图 3-1-1　程序运行结果

【例 3-1-2】在 PyCharm 集成开发环境下输入一个圆的半径，求圆的周长和面积。

```
from math import pi as PI                    # 引入标准库中相应的符号常量 pi
r = float (input (" 请输入圆的半径 : ") )
c = 2 * PI * r                               # 求圆的周长
s = PI * r ** 2                              # 求圆的面积
print (" 半径为 : {: .2f}, 周长为 : {: .2f}, 面积为 : {: .2f}".format (r, c, s) )
```

程序运行结果如图 3-1-2 所示。

```
请输入圆的半径：3
半径为：3.00, 周长为：18.85, 面积为：28.27
```

图 3-1-2　程序运行结果

练一练

唐朝诗人唐彦谦在《自咏》中写道："白发三千丈，青春四十年。"请自行查询丈与米的换算关系，编写程序计算三千丈实际为多少米。

第二节 选择结构

学习目标

1. 理解选择结构的含义。
2. 掌握选择结构的逻辑关系。
3. 掌握 if 语句的语法。

顺序结构在实际应用中能处理的问题十分有限，许多问题需要根据给定的条件，决定程序执行的流程。选择结构通过判断某些特定条件是否满足要求决定下一步的执行流程，分为单分支选择结构、双分支选择结构和多分支选择结构。

一、单分支选择结构

基本语法格式：

if 条件表达式：

  语句块

功能：

当条件表达式的值为 True 或等价于 True（如非零、非空字符串等）时，执行语句块；当条件表达式的值为 False 时，则不执行语句块。单分支选择结构流程图如图 3-2-1 所示。

说明：

1. 条件表达式一般为关系表达式或逻辑表达式，无须加括号，其后为半角的冒号"："，不可省略。语句块为若干语句，且具有相同的缩进。

2. 在选择结构中，只要条件表达式的值不是 False、0、空值 None、空列表、空元组、空集合、空字典、空字符串或

图 3-2-1 单分支选择结构流程图

其他空迭代对象，Python 解释器均认为与 True 等价。

【例 3-2-1】在 PyCharm 集成开发环境下输入任意两个整数，并将其按照从小到大的顺序输出。

```
x = int (input (" 请输入一个整数 x: ") )
y = int (input (" 请输入一个整数 y: ") )
if x > y:                              # 如果 x 大于 y，则执行下面的语句块
    x, y = y, x                        # 交换两个变量中的值
print (" 以上两数按从小到大排列顺序为 : %d, %d"% (x, y) )
```

程序运行结果如图 3-2-2 所示。

请输入一个整数x：5
请输入一个整数y：3
以上两数按从小到大排列顺序为：3,5

图 3-2-2　程序运行结果

二、双分支选择结构

基本语法格式：

if 条件表达式：

　语句块 1

else：

　语句块 2

功能：

当条件表达式的值为 True 时执行语句块 1，为 False 时执行语句块 2。双分支选择结构流程图如图 3-2-3 所示。

说明：

1. if 和 else 必须对齐，语句块 1 与语句块 2 为相同的缩进。

2. else 后面必须加半角的冒号 ":"。

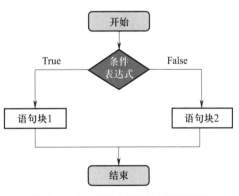

图 3-2-3　双分支选择结构流程图

【**例 3-2-2**】在 PyCharm 集成开发环境下输入语文成绩，判断此成绩是否合格，并输出相应的提示信息。

```
chinese = float (input (" 请输入语文成绩 : "))
if chinese >= 60:
    print (" 语文 { } 合格。".format (chinese))
else:
    print (" 语文 { } 不合格。".format (chinese))
```

程序运行结果如图 3-2-4 所示。

图 3-2-4　程序运行结果

小提示

Python 还支持如下形式的表达式，功能与双分支选择结构相同。

格式： 表达式 1 if 条件表达式 else 表达式 2

功能： 当条件表达式的值为 True 时，则返回表达式 1 的值，否则返回表达式 2 的值。

示例： >>> score=70

　　　 >>> " 合格 " if score>=60 else " 不合格 "

　　　 ' 合格 '

练一练

编写程序模拟用户登录。若用户名为 "admin" 且密码为 "123456" 则登录成功，否则登录失败。

三、多分支选择结构

基本语法格式：

if 条件表达式 1:

　　语句块 1

elif 条件表达式2：

　　语句块2

……

elif 条件表达式n：

　　语句块n

else：

　　语句块n+1

功能：

首先判断条件表达式1的值是否为True，如果为True，则执行语句块1，然后结束整个if语句；否则判断条件表达式2的值是否为True，如果为True，则执行语句块2，然后结束整个if语句；以此类推，如果条件表达式n也不为True，则执行语句块n+1。多分支选择结构流程图如图3-2-5所示。

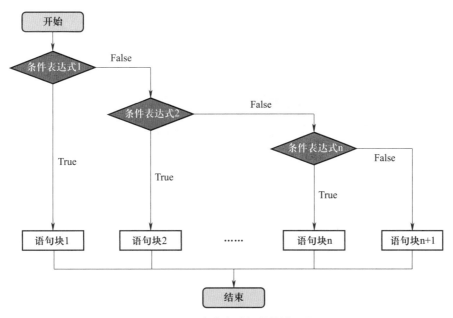

图3-2-5　多分支选择结构流程图

说明：

1. if、elif和else必须对齐，语句块1、语句块2、……、语句块n、语句块n+1要有相同的缩进。

2. 每个elif条件表达式后面都要有半角的冒号"："。

【例 3-2-3】在 PyCharm 集成开发环境下输入语文成绩，判断此成绩相应的等级，如 90 ~ 100 分为优秀，80 ~ 89 分为良好，70 ~ 79 分为中等，60 ~ 69 分为及格，60 分以下为不及格，并输出相应的提示信息。

```
chinese = float (input (" 请输入语文成绩 : ") )
if chinese >= 90:
    print (" 语文 { } 优秀。 ".format (chinese) )
elif chinese >= 80:
    print (" 语文 { } 良好。 ".format (chinese) )
elif chinese >= 70:
    print (" 语文 { } 中等。 ".format (chinese) )
elif chinese >= 60:
    print (" 语文 { } 及格。 ".format (chinese) )
else:
    print (" 语文 { } 不及格。 ".format (chinese) )
```

程序运行结果如图 3-2-6 所示。

```
请输入语文成绩：55
语文55.0不及格。
```

图 3-2-6　程序运行结果

想一想

【例 3-2-3】程序设计中是否有漏洞？该漏洞在程序运行时会产生什么结果？如何改进该程序？

实训四　设计智能体重测量仪程序

学习了选择结构后，接下来围绕设计智能体重测量仪程序练习选择结构的设计方法。

一、实训要求

设计智能体重测量仪程序。输入体重（单位为千克）和身高（单位为米）后，计算身体质量指数（BMI），并根据 BMI 的大小判断人体是否过轻、正常、过重、肥胖。已知 BMI 小于 18.5 为过轻，BMI 在 18.5 ~ 23.9 之间为正常，BMI 在 23.9 ~ 26.9 之间为过重，BMI 超过 26.9 为肥胖。

二、实训分析

本实训主要涉及选择结构 if 语句相关问题，用户输入身高（height）和体重（weight），依据 BMI 的计算公式：BMI= 体重 ÷ 身高 ^{2} 计算出 BMI，根据 BMI 大小判断出相应结果。

1. 程序流程图

根据智能体重测量仪的功能设计实训图 4–1 所示的程序流程图。

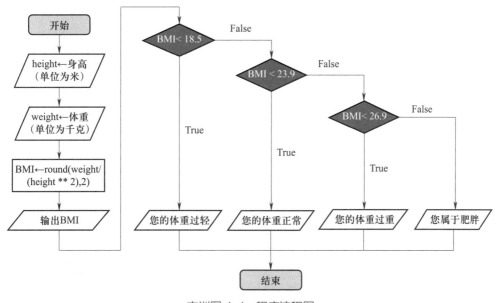

实训图 4-1　程序流程图

2. 关键说明

（1）此问题采用了多分支选择结构来实现。

（2）round (x, n) 函数的作用是将数 x 四舍五入到小数点后 n 位。

三、案例实现

1. 新建 Python 文件

在 PyCharm 集成开发环境下单击 "New" → "Python File" 命令，新建名为 "Exp04.py" 的 Python 文件。

2. 编写 Python 代码

在 PyCharm 工作窗口中输入如下代码，并在理解下列代码意义的基础上，在横线上将代码补充完整。

```
height = float (input (" 请输入您的身高 ( 单位为米 ): "))        # 输入身高，单位为米
weight = _____        # 输入体重，单位为千克
BMI = _____        # 计算 BMI，公式为 "BMI= 体重 ÷ 身高²"
print (" 您的 BMI 为 : "+ str (BMI))        # 输出 BMI
# 判断人体胖瘦程度
if BMI < 18.5:
    print (" 您的体重过轻 ~ @_@ ~ ")
elif BMI< 23.9:
    print (" 您的体重正常 (-_-) ")
_____
    print (" 您的体重过重 ~ @_@ ~ ")
else:
    print (" 您属于肥胖 ^@_@^")
```

3. 运行程序，查看结果

单击 "运行" 按钮运行程序，查看运行结果，如实训图 4-2 所示。

请输入您的身高（单位为米）：1.72
请输入您的体重（单位为千克）：87
您的BMI为：29.41
您属于肥胖 ^@_@^

实训图 4-2 程序运行结果

4. 解析代码

（1）"float ( )" 用于将输入的人的身高和体重转换为浮点型数据。

（2）"round (weight/(height**2), 2)"用于将 BMI 保留两位小数。

（3）str (BMI) 函数用于将计算得到的 BMI 数值型数据转换为字符串，实现与其他字符串的连接。

（4）采用了 if…elif…else 多分支选择结构。

第三节　循环结构

学习目标

1. 理解循环结构的含义。

2. 掌握循环结构的逻辑关系。

3. 掌握 for、while 语句的语法。

4. 掌握循环嵌套的语法。

5. 掌握 range ( ) 函数的使用方法。

6. 理解 break、continue、pass 等循环控制语句的使用方法。

在实际应用中，经常需要重复地做某一件事，如交通信号灯需要重复地亮与灭等，针对此类问题，可以编写循环结构的程序来解决。循环结构是指在满足指定的条件下重复地执行一段代码。它可以通过 for 循环、while 循环以及控制语句来实现。

一、for 循环

在 Python 中，for 循环通常用于遍历字符串、列表、元组、字典、集合等可迭代对象序列类型中的各个元素。迭代是访问集合元素的一种方式，在 Python 中迭代器可以遍历诸如列表、字典及字符串等序列对象，迭代过程从第一个元素开始访问至最后一个元素访问结束，可迭代对象只能被迭代一次，在迭代过程中不能反向迭代。列表、字典等数据类型将在第四章中介绍。

基本语法格式：

for 迭代变量 in 可迭代对象：

    循环体

功能：

对可迭代对象中的每个元素执行一遍循环体。每次循环时自动把可迭代对象中的当前元素分配给迭代变量并执行循环体，直到整个可迭代对象中的元素迭代完为止。for 循环流程图如图 3-3-1 所示。

说明：

1. for 语句后面需要加一个半角的冒号"："，表示紧跟着的是执行循环体。

2. 每次循环时把可迭代对象中的当前元素分配给迭代变量。

3. 当序列中的所有元素遍历完毕会退出循环。

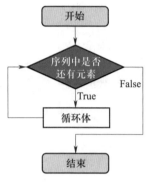

图 3-3-1　for 循环流程图

【**例 3-3-1**】在 PyCharm 集成开发环境下遍历字符串 "Hello!World!"，并在一行中输出每个字符，各字符间用 "," 分隔。

```
str1 = "Hello!World!"
n = len (str1)                  # 获取字符串长度
for char in str1:              # 迭代变量为 char，迭代对象为字符串 str1
    i = str1.find (char)        # 获取当前所遍历到的索引
    if i < n-1:                 # 若当前不是最后一个字符
        print (char, end = ", ")  # 输出每次循环迭代变量中的值并以 "," 作为结束符
    else:
        print (char)            # 输出最后一个字符后，不输出 ","
```

程序运行结果如图 3-3-2 所示。

H,e,l,l,o,!,W,o,r,l,d,!

图 3-3-2　程序运行结果

Python 中提供了一个内置函数 range ( )，用于生成一个等差整数列表，该函数经常用在 for 循环中。

range ( ) 函数格式： range ([start,] stop[, step])

功能： 返回一个以起始值 start 开始、终止值不超过 stop、步长为 step 的等差数列。

说明：

1. start：列表起始值，默认为 0。如 range（5）等价于 range（0，5）。

2. stop：列表终止值，且不包含 stop。如 range（0，5）生成的列表为 [0，1，2，3，4]，并不包括 5。

3. step：步长，默认为 1。步长可正可负。如 range（0，5）等价于 range（0，5，1）。

【例 3-3-2】在 PyCharm 集成开发环境下依次输出自然数 1 ~ 20，并在一行中输出每个数，每个数之间用 "," 分隔。

```
for i in range (1, 21):
    print (i, end = ", ")
```

程序运行结果如图 3-3-3 所示。

```
1,2,3,4,5,6,7,8,9,10,11,12,13,14,15,16,17,18,19,20,
```

图 3-3-3　程序运行结果

想一想

图 3-3-3 中的运行结果末尾多了一个逗号 ","，请问应如何删除？并优化程序代码。

【例 3-3-3】在 PyCharm 集成开发环境下求 1 ~ 100 之间的所有偶数之和。

```
s = 0                              # 为求和变量 s 赋初值 0
for i in range (2, 102, 2):
    s += i                          # 将所有偶数依次累加到求和变量 s 中
print ("1 到 100 之间的所有偶数之和为 : ", s)
```

程序运行结果如图 3-3-4 所示。

```
1到100之间的所有偶数之和为：   2550
```

图 3-3-4　程序运行结果

二、while 循环

for 语句主要用来解决序列遍历问题，一般可以预知循环次数，但在实际问题中有些循环不能预设序列和循环次数，此时需要使用 while 语句解决此类问题。

基本语法格式:

while 条件表达式 :

    循环体

功能:

当条件表达式的值为 True 时,重复执行循环体,直到条件表达式的值为 False 时,退出循环体。while 循环流程图如图 3-3-5 所示。

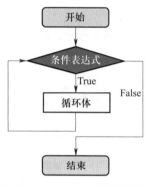

说明:

1. while 语句后面需要加一个半角的冒号 ":"。

2. 若循环 n 次,则需要进行 n+1 次条件判断:在第 1 次循环中判断 1 次;在第 2 次循环中判断 1 次;以此类推,在第 n 次循环中判断 1 次;在第 n+1 次循环中判断 1 次(条件不满足则退出 while 循环)。

图 3-3-5　while 循环流程图

【**例 3-3-4**】在 PyCharm 集成开发环境下计算输出 1 ~ 10 之间所有的整数之和。

```
i = 1                        # 为计数器 i 赋初值 1
s = 0                        # 为累加器 s 赋初值 0
while i <= 10:               # 当 i 小于等于 10 时
    s += i                   # 累加器 s 加 i
    i += 1                   # 计数器 i 加 1
print ("1 ~ 10 之间所有的整数和为 ", s)
```

程序运行结果如图 3-3-6 所示。

```
1~10之间所有的整数和为   55
```

图 3-3-6　程序运行结果

【**例 3-3-5**】在 PyCharm 集成开发环境下设计一个猜数字游戏程序。已知随机产生一个 1 ~ 10 的整数,请猜出该数,并给出相应提示。

```
import random                # 引入随机数模块
x = random.randint (1, 10)   # 随机产生一个 1 ~ 10 的整数
t = 0                        # 存放用户输入的要猜的数,初值为 0
while t != x:                # 若没有猜中,则继续执行循环体
```

```
    t = int (input (" 请输入一个你要猜的数 (1~10): ") )
    if t == x:
        print (" 恭喜你，猜中了 !")
    elif t < x:
        print (" 很遗憾，你猜的数偏小 !")
    elif t > x:
        print (" 很遗憾，你猜的数偏大 !")
```

程序运行结果如图 3–3–7 所示。

```
请输入一个你要猜的数（1~10）：5
很遗憾，你猜的数偏小!
请输入一个你要猜的数（1~10）：6
恭喜你，猜中了!
```

图 3-3-7　程序运行结果

小提示

【例 3–3–5】中引用了 random 模块中的 randint ( ) 函数，用于生成随机整数。

randint ( ) 函数的语法格式：random.randint (a, b)

参数说明：a 和 b 均为整数，指定生成随机整数的区间范围，包含 a 和 b。

三、循环嵌套

一个循环体内包含另一个完整的循环结构，称为循环嵌套，也称多重循环。

for 语句嵌套语法格式：

```
for 迭代变量 1 in 可迭代对象 1：
    for 迭代变量 2 in 可迭代对象 2：
        语句块 2
    语句块 1
```

while 语句嵌套语法格式：

```
while 条件表达式 1：
```

while 条件表达式 2：
　　　　语句块 2
　　语句块 1
不同的循环结构可以互相嵌套。

【例 3-3-6】在 PyCharm 集成开发环境下输出图 3-3-8 所示的星号图形。

图 3-3-8　星号图形

```
for i in range (1, 5):              #range (1, 5) 生成的列表为 [1, 2, 3, 4]，表示行数
    for j in range (1, i+1):        # 嵌套一个内循环，其 range ( ) 函数的值由外循环迭代
                                    # 变量决定，表示每行星号的个数
        print ("*", end = " ")      # 输出 *，并以一个空格作为结束
    print ( )                       # 内循环执行完毕，表示一行结束，换行
```

四、循环控制语句

在通常情况下，循环结构会在执行完所有循环语句后自动结束，但在有些情况下，可能
需要提前结束循环。Python 中提供了 break、continue 和 pass 语句来控制循环，其中 break 和
continue 语句通常需要结合 if 语句判断何时提前结束循环。

1. break 语句

break 语句用于提前结束整个循环。

【例 3-3-7】在 PyCharm 集成开发环境下输出 200 以内能被 13 整除的最大正整数。

```
for i in range (200, 0, -1):       # 步长为 -1，倒序遍历，从而实现所寻找的数为最大正整数
    if i %13 == 0:                 # 判断 i 是否能被 13 整除
    print ("200 以内能被 13 整除的最大正整数为：", i)
    break                          # 找到最大正整数后结束循环
```

程序运行结果如图 3-3-9 所示。

200以内能被13整除的最大正整数为： 195

图 3-3-9 程序运行结果

break 语句结束的只是它自身所在的循环，如果为循环嵌套，内层循环的提前结束不影响外层循环。

2. continue 语句

continue 语句用于提前结束本次循环。当执行到 continue 语句时，系统会自动跳过当前循环体中剩下的语句，提前进入下一次循环。

【例 3-3-8】在 PyCharm 集成开发环境下输入一个整数，判断其是否为素数。

```
n = int (input (" 请输入一个整数 : "))
flag = True                          # 设置变量 flag 为素数的标志，默认赋初值为 True
for i in range (2, n):               # 遍历 2 ～ (n-1) 之间的所有值
    if n % i != 0:                   # 判断 n 能否被 i 整除
        continue                     # 跳出本次循环
    flag = False                     # 若 n 能被 i 整除，将 flag 赋值为 False
    break                            # 终止循环
if flag:
    print (n, " 是素数 !")
else:
    print (n, " 不是素数 !")
```

程序运行结果如图 3-3-10 所示。

请输入一个整数: 73
73 是素数!

图 3-3-10 程序运行结果

continue 语句结束的是本次循环，程序会从头开始下一轮循环。【例 3-3-8】在此只是为了演示 continue 语句的功能，实际上此示例无须使用 continue 语句。请尝试实现。

使用 break 和 continue 语句都能提前结束循环，可以有效提高执行效率。

3. pass 语句

pass 语句是一个空语句，它的出现是为了保持程序结构的完整性。pass 语句不做任何事情，通常用作占位语句。在程序设计时，有时暂时不能确定如何实现某些功能，或者需要为以后的软件升级预留空间，此时可以用 pass 语句"占位"。

练一练

输入一个字符串，判断其是否为回文。所谓回文就是指字符串的正序和倒序字符顺序相同，如"pop"就是回文字符串。

实训五 设计抓小偷程序

学习了顺序结构、分支结构和循环结构等程序结构后，接下来围绕设计抓小偷程序来巩固程序控制结构的设计方法。

一、实训要求

设计一个抓小偷程序。已知 A、B、C、D 这 4 个人中有一个是小偷，并且这 4 个人中每个人要么说真话，要么说假话。在审问过程中，他们的回答如下。

A 说：B 没有偷，是 D 偷的。

B 说：我没有偷，是 C 偷的。

C 说：A 没有偷，是 B 偷的。

D 说：我没有偷。

请确定谁是小偷。

二、实训分析

本实训主要使用循环结构，通过循环穷举所有的可能性，即当某种可能性同时满足所有的审问结果后，即可确定谁是小偷。本实训用整型变量 a、b、c、d 分别表示 A、B、C、D 这 4 个人是否为小偷，且变量只能取值为 0 或 1，变量取值为 1 表示该人是小偷，变量取值为 0 表示该人不是小偷；然后根据 4 个人的回答得到谁是小偷的条件；再次穷举变量 a、b、c、d 取值为 0 或 1 的各种情况；最后用上述条件来判断满足条件的取值，对应变量为 1 的那个人就是小偷。

1. 程序流程图

根据逻辑判断原则，设计实训图 5-1 所示程序流程图。

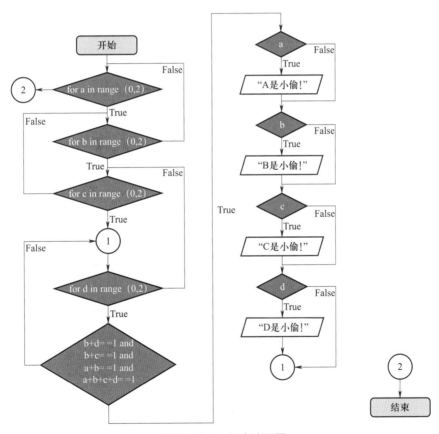

实训图 5-1　程序流程图

2. 关键说明

（1）通过 for 循环嵌套依次逐层取 0 或 1。

（2）range (0, 2) 函数迭代对象使各迭代变量 a、b、c、d 获取相应的值。

（3）流程图中的①②为程序流程图中的连接标志，用来表示流程图的待续。圆圈内可以是字母或数字。在相互联系的流程图内，用来表示各个过程是如何连接的。

三、实训实现

1. 新建 Python 文件

在 PyCharm 集成开发环境下单击"New"→"Python File"命令，新建名为"Exp05.py"的 Python 文件。

2. 编写 Python 代码

在 PyCharm 工作窗口的代码区域中输入如下代码，并在理解下列代码意义的基础上，在横线上将代码补充完整。

```
for a in range (0, 2):                              #a 取 0 或 1
    for b in range (0, 2):                          #b 取 0 或 1
        for _____:                       #c 取 0 或 1
            for d in range (0, 2):                  #d 取 0 或 1
                #将审问结果转换为条件表达式
                if b+d==1 and b+c==1 and a+b==1 and a+b+c+d==1:
                    if a:                           #若 a 为 1，则 A 是小偷
                        print ("A 是小偷 !")
                    if b:                           #若 b 为 1，则 B 是小偷
                        _____
                    if c:                           #若 c 为 1，则 C 是小偷
                        print ("C 是小偷 !")
                    if d:                           #若 d 为 1，则 D 是小偷
                        print ("D 是小偷 !")
```

3. 运行程序，查看结果

单击"运行"按钮运行程序，查看运行结果，如实训图 5-2 所示。

B是小偷！

实训图 5-2 程序运行结果

4. 解析代码

（1）条件表达式根据"这 4 个人中每个人要么说真话，要么说假话"进行判断。以 A 为例，他说了两句话，这两句话要么都是对的，要么都是错的。所以说，如果 B 偷了（b=1），D 一定没有偷（d=0）；反之若 B 没偷（b=0），那么一定是 D 偷的（d=1），即 b+d=1。同理可得 b+c=1 和 a+b=1。对于 D，他只说了一句话，如果 D 偷了（d=1），那么其他人都没偷（a+b+c=0）；如果 D 没偷（d=0），那么其他人中有一人偷了（a+b+c=1），即 a+b+c+d=1。因此，组成条件表达式：b+d==1 and b+c==1 and a+b==1 and a+b+c+d==1。

（2）在"if a:"中 a 是条件表达式，a 等价于 a==1，其余表达式同理。

实训再现

请运行实训四设计智能体重测量仪程序，在下面的方框中记录多次输入的数据和输出的结果（可尝试输入的数据为负数），分析产生出错结果的原因，并修正程序。

拓展练习

1. 编写程序实现油量监控：在汽车油量低（少于 1/5）时，警示驾驶员应该注意；在汽车油量接近满载（不低于 4/5）时，提示驾驶员油量充足；在其他情况下不做提示（油量刻度数字为 0 ~ 1 的数）。

2. 编写登录程序，提示用户输入用户名和密码，并验证是否登录成功，提示最多不超过 3 次。

3. 求 1 ~ 300 中所有能被 7 整除的整数之和。

4. 编写程序实现以下图形。

```
    *
   ***
  *****
 *******
  *****
   ***
    *
```

第四章　Python 容器

Python 中提供了数值型、布尔型、字符串型等多种数据类型。一个变量只能存储一个元素，但在实际应用中，有时可能需要一种能同时存储多个元素的数据类型，即容器类数据类型，如列表、元组、集合、字典等。

在本章中，通过"列表""元组""集合""字典"和三个实训等，学习列表、元组、集合和字典等容器的特点、使用方法及相互之间的关系。

第一节　列表

学习目标

1. 理解列表的含义。
2. 能创建与删除列表。
3. 能进行列表元素的操作。

序列是 Python 中最基本的数据类型。序列中的每个元素都被分配一个数字来表示它的位置或索引，如列表、元组和字符串都属于序列。

一、列表的含义

列表是 Python 内置的可变序列，也是一种可以存储各种数据类型的集合，用方括号"[ ]"表示列表的开始和结束，元素之间用逗号","分隔。列表就像是一个容器，其中每个元素都有一个索引，而且可以是各种数据类型，甚至可以嵌套另一个列表。列表可以为空，即方括号中没有任何元素。

可变序列和不可变序列的元素访问规则见表 4-1-1。

表 4-1-1　可变序列和不可变序列的元素访问规则

序列类型	元素访问规则			
	读取	添加	删除	修改
可变序列	可以	可以	可以	可以
不可变序列	可以	不可以	不可以	不可以

二、列表的创建与删除

1. 列表的创建

（1）用"[ ]"创建列表

用"[ ]"创建列表也称为直接赋值方式。

【例 4-1-1】在 Python 交互模式下输入如下内容并执行。

```
>>> list1=[1, 2, 3, 4]                    # 创建一个包含 4 个整型元素的列表
>>> list1
[1, 2, 3, 4]
>>> list2=["3300425", " 李明 ", 76, 85, 83]    # 创建一个包含字符串型及整型两种元素的列表
>>> list2
['3300425', ' 李明 ', 76, 85, 83]
>>> list3=["3300426", " 张强 ", [66, 77, 88]]   # 创建一个嵌套列表
>>> list3
['3300426', ' 张强 ', [66, 77, 88]]
>>> list4=[ ]                             # 创建一个空列表
>>> list4
[ ]
```

（2）用 list ( ) 函数创建列表

利用 list ( ) 函数可将一个数据结构对象（如元组、字符串或其他类型的可迭代对象）转换为列表。

格式： list (x)

功能： 将 x 转换为列表，x 可以是元组、字符串或其他类型的可迭代对象（x 不能是数值型、布尔型数据）。

【例 4-1-2】在 Python 交互模式下输入如下内容并执行。

```
>>> list1=list ("Python")                    #将字符串转换为列表
>>> list1
['P', 'y', 't', 'h', 'o', 'n']
>>> list2=list ((1, 2, 3))                    #将元组转换为列表,元组在后续第二节介绍
>>> list2
[1, 2, 3]
>>> list3=list ()                             #创建空列表
>>> list3
[]
```

2. 列表的删除

当一个列表不再使用时，可以利用 del 命令将其删除，以释放存储空间。如输入 del list1，即删除了 list1 列表。若再引用 list1，解释器就会报错。

三、列表元素的操作

列表提供了一些操作方法，以实现列表元素的增加、修改、删除、合并、统计、反序、排序等操作，见表 4-1-2。Python 中的方法概念来自类的定义，将在后续章节中介绍。这里使用列表的方法，只需要在列表名与方法间加上点号"."即可。

表 4-1-2　列表的基本操作方法

方法	功能描述
index ( )	返回指定元素首次出现的索引
append ( )	在列表尾部增加元素
insert ( )	在指定位置插入元素
pop ( )	删除并返回指定索引对应的元素
remove ( )	删除列表中第一次出现的指定元素

方法	功能描述
clear ( )	清空列表
extend ( )	合并两个列表元素
count ( )	统计指定元素在列表中出现的次数
copy ( )	复制生成一个新列表
reverse ( )	反转列表元素的顺序
sort ( )	对列表元素进行排序

1. 引用列表元素

列表的索引从 0 开始，如 list1=[1, 2, 3, 4, 5, 6, 7, 8, ["a"，"b"，"c"]]，其列表元素与索引的对应关系见表 4-1-3。

表 4-1-3　列表元素与索引的对应关系

列表元素	1	2	3	4	5	6	7	8	["a", "b", "c"]
正向索引	0	1	2	3	4	5	6	7	8
反向索引	−9	−8	−7	−6	−5	−4	−3	−2	−1

（1）索引

通过索引可以引用列表中的一个元素。

格式： 列表对象 [索引]

功能： 获取列表中指定索引位置的元素。

【例 4-1-3】在 Python 交互模式下输入如下内容并执行。

```
>>> list1=[1, 2, 3, 4, 5, 6, 7, 8, ["a", "b", "c"]]
>>> list1[2]                          # 获取索引为 2 的元素
3
>>> list1[-1]                         # 获取最后一个元素（列表支持双向索引）
['a', 'b', 'c']
>>>list1[9]                           # 索引越界，解释器报错
Traceback (most recent call last):
    File "<stdin>", line 1, in <module>
IndexError: list index out of range
```

（2）切片

利用切片可以引用列表中的多个元素，切片后的结果为列表类型。

格式： 列表对象 [开始索引 : 结束索引 : 步长]

功能： 引用列表中起止索引（不包含结束索引）、以步长为间隔的所有元素。若省略步长，默认步长为 1；若省略开始索引，默认步长为 0；若省略结束索引，默认为结束。

【例 4-1-4】观察以下内容，在横线上填写相关内容，并在 Python 交互模式下验证。

```
>>> list1=[1, 2, 3, 4, 5, 6, 7, 8, ["a", "b", "c"]]
>>> list1[0: 7: 2]                    # 索引为 0~7，步长为 2
[1, 3, 5, 7]
>>> list1[2: 5]                       # 索引为 2~5，省略步长，默认步长为 1
[3, 4, 5]
>>> list1[: 5]                        # 省略开始索引，为 0，结束索引为 5，省略步长
_____
>>> list1[_____]                     # 开始索引为 2，省略结束索引，省略步长
[3, 4, 5, 6, 7, 8, ['a', 'b', 'c']]
>>> list1[-3: -9: -1]                 # 步长为 -1，反向引用
[7, 6, 5, 4, 3, 2]
>>> list1[-9: -3: -1]                 # 此区间不存在元素，返回空列表
[ ]
```

小提示

进行切片操作时，不会因为索引越界而给出错误，而是简单地在列表尾部截断或返回一个空列表。

2. 查找列表元素

（1）index（）方法

格式： 列表对象 .index (x)

功能： 返回列表中指定元素 x 首次出现的索引，若不存在，则报错。

【例 4-1-5】在 Python 交互模式下输入如下内容并执行。

```
>>> list1=[1, 2, 3, 4, 5, 6, 5, 8, ["a", "b", "c"]]
>>> list1.index (5)                    # 返回元素 5 首次出现的索引
4
>>> list1.index (66)                   # 查找元素 66，若未找到，解释器会报错
Traceback (most recent call last):
    File "<stdin>", line 1, in <module>
ValueError: 66 is not in list
```

（2）in 成员运算判断

若只需知道指定元素是否在列表里，可使用 in 成员运算符来判断。

【例 4-1-6】在 Python 交互模式下输入如下内容并执行。

```
>>> list1=[1, 2, 3, 4, 5, 6, 7, 8, ["a", "b", "c"]]
>>> ["a", "b", "c"] in list1           # 判断元素 ["a", "b", "c"] 是否在列表 list1 中
True
```

3. 添加列表元素

（1）append ( ) 方法

格式： 列表对象 .append (x)

功能： 在列表尾部添加元素 x，x 可以是任意合法的数据。

【例 4-1-7】在 Python 交互模式下输入如下内容并执行。

```
>>> list1=[1, 2, 3, 4, 5, 6, 7, 8, ["a", "b", "c"]]
>>> list1.append (9)                   # 在列表尾部添加元素 9
>>> list1
[1, 2, 3, 4, 5, 6, 7, 8, ['a', 'b', 'c'], 9]
```

（2）insert ( ) 方法

格式： 列表对象 .insert (索引 , x)

功能： 在列表指定索引处添加元素 x，如果索引超出范围，则在列表尾部增加元素 x。

【例 4-1-8】在 Python 交互模式下输入如下内容并执行。

```
>>> list1=[1, 2, 3, 4, 5, 6, 7, 8, ["a", "b", "c"]]
>>> list1.insert (8, 9)                # 在索引为 8 的位置插入元素 9
```

```
>>> list1
[1, 2, 3, 4, 5, 6, 7, 8, 9, ['a', 'b', 'c']]
```

4. 修改列表元素

（1）索引

可以通过索引修改列表中的一个元素，直接对列表元素进行赋值操作。

【例 4-1-9】在 Python 交互模式下输入如下内容并执行。

```
>>> list1=[1, 2, 3, 4, 5, 6, 7, 8, ["a", "b", "c"]]
>>> list1[8]=9                            # 将索引为 8 的元素修改为元素 9
>>> list1
[1, 2, 3, 4, 5, 6, 7, 8, 9]
```

（2）切片

可以通过切片一次修改列表中的多个元素。

【例 4-1-10】在 Python 交互模式下输入如下内容并执行。

```
>>> list1=[1, 2, 3, 4, 5, 6, 7, 8, ["a", "b", "c"]]
>>> list1[0: 4]=[8, 7]                     # 使用切片修改前 4 个元素
>>> list1
[8, 7, 5, 6, 7, 8, ['a', 'b', 'c']]
```

5. 删除列表元素

（1）pop（）方法

格式： 列表对象 .pop（索引）

功能： 删除并返回列表指定索引的元素。若没有指定索引，则默认为最后一个元素；若指定的索引超出列表范围，则报错。

【例 4-1-11】观察以下内容，在横线上填写相关内容，并在 Python 交互模式下验证。

```
>>> list1=[1, 2, 3, 4, 5, 6, 7, 8, ["a", "b", "c"]]
>>> list1.pop（）                          # 没有指定索引，默认删除并返回最后一个元素
['a', 'b', 'c']
>>> list1
```

[1, 2, 3, 4, 5, 6, 7, 8]

>>> list1.pop (5)　　　　　　　　　　　# 删除索引为 5 的元素

_____

>>> list1

[1, 2, 3, 4, 5, 7, 8]

>>> list1.pop (9)　　　　　　　　　　　# 索引越界，报错

Traceback (most recent call last):

　　File "<stdin>", line 1, in <module>

IndexError: pop index out of range

（2）remove ( ) 方法

格式： 列表对象 .remove (x)

功能： 删除列表中首次出现的元素 x，如果列表中不存在该元素，则报错。

【例 4-1-12】在 Python 交互模式下输入如下内容并执行。

>>> list1=[1, 2, 3, 6, 4, 5, 6, 7, 8, ["a", "b", "c"]]

>>> list1.remove (6)　　　　　　　# 删除首次出现的元素 6，即索引为 3 的元素 6

>>> list1

[1, 2, 3, 4, 5, 6, 7, 8, ['a', 'b', 'c']]

（3）clear ( ) 方法

格式： 列表对象 .clear ( )

功能： 删除列表中的所有元素，即清空列表。

【例 4-1-13】在 Python 交互模式下输入如下内容并执行。

>>> list1=[1, 2, 3, 4, 5, 6, 7, 8, ["a", "b", "c"]]

>>> list1

[1, 2, 3, 4, 5, 6, 7, 8, ['a', 'b', 'c']]

>>> list1.clear ( )　　　　　　　　　# 清空列表

>>> list1

[ ]

6. 合并列表元素

使用 extend ( ) 方法合并列表元素。

格式： 列表对象 .extend (x)

功能： 将 x 的所有元素添加到列表对象的尾部。x 可以是列表、元组、字典、集合、字符串等可迭代对象。

【例 4-1-14】在 Python 交互模式下输入如下内容并执行。

```
>>> list1=[1, 2, 3, 4]
>>> list2=[5, 6, 7, 8]
>>> list1.extend (list2)          # 将 list2 添加到列表 list1 尾部
>>> list1
[1, 2, 3, 4, 5, 6, 7, 8]
>>> list1.extend ((9, 10))         # 将元组（9, 10）添加到列表 list1 尾部
>>> list1
[1, 2, 3, 4, 5, 6, 7, 8, 9, 10]
>>> list1.extend ("Python")        # 将字符串 "Python" 添加到列表 list1 尾部
>>> list1
[1, 2, 3, 4, 5, 6, 7, 8, 9, 10, 'P', 'y', 't', 'h', 'o', 'n']
```

试一试

　　是否可以使用 "+" 合并两个列表元素呢？如 list1=[1, 2, 3, 4]，list2=[5, 6, 7, 8]，使用 "+" 合并后并赋给 list1，请尝试实现。

7. 进行列表元素其他操作

（1）sort ( ) 方法

格式： 列表对象 .sort ([reverse=True])

功能： 对列表元素进行排序，默认为升序排列，若要降序排列可加上参数 reverse=True。

【例 4-1-15】观察以下内容，在横线上填写相关内容，并在 Python 交互模式下验证。

```
>>> list1=[5, 3, 4, 1, 2]
```

```
>>> list1.sort ()                              #将列表元素升序排列
>>> list1
[1, 2, 3, 4, 5]
>>> list1.sort (reverse=True)                  #将列表元素降序排列
>>> list1
```

（2）reverse ( ) 方法

格式： 列表对象 .reverse ( )

功能： 将列表元素反序。

【例 4-1-16】在 Python 交互模式下输入如下内容并执行。

```
>>> list1=[1, 2, 3, 4, 5, 6, 7, 8, ["a", "b", "c"]]
>>> list1.reverse ()                           #将列表元素反序
>>> list1
[['a', 'b', 'c'], 8, 7, 6, 5, 4, 3, 2, 1]
```

（3）count ( ) 方法

格式： 列表对象 .count (x)

功能： 统计指定元素 x 在列表中出现的次数。

【例 4-1-17】在 Python 交互模式下输入如下内容并执行。

```
>>> str1="Hello Python World"
>>> list1=[ ]
>>> list1.extend (str1)
>>> list1
['H', 'e', 'l', 'l', 'o', ' ', 'P', 'y', 't', 'h', 'o', 'n', ' ', 'W', 'o', 'r', 'l', 'd']
>>> list1.count ("l")                          #统计元素 "l" 在 list1 中出现的次数
3
```

试一试

使用 count ( ) 方法可以统计列表中元素出现的次数，该方法是否也能统计字符串中字符出现的次数呢？请尝试实现。

（4）copy（）方法

格式： 列表对象 .copy（）

功能： 在内存中复制列表对象，生成新的列表对象。

【例 4-1-18】在 Python 交互模式下输入如下内容并执行。

```
>>> list1=[1, 2, 3]
>>> list2=list1              # 将 list1 赋给 list2
>>> list3=list1.copy（）      # 将 list1 复制给 list3
>>> list2
[1, 2, 3]
>>> list3
[1, 2, 3]
>>> list1[1]=5               # 修改 list1 中的元素
>>> list1
[1, 5, 3]
>>> list2
[1, 5, 3]
>>> list3
[1, 2, 3]
```

小提示

通过【例 4-1-18】可以看到，执行赋值语句时，两个列表指向同一个内存区域，相当于为列表增加一个别名。而采用复制方法 copy（）时，在内存中开辟了一个新的空间，供新的列表使用，两个列表各自指向自己的内存空间，互不干扰。

练一练

输入一个字符串，将其转换为列表，反序输出列表的元素。

实训六　设计解密身份证号码程序

学习了列表的创建方法和列表元素的操作方法后，接下来围绕设计解密身份证号码程序来巩固对列表的操作。

一、实训要求

设计一个解密身份证号码程序，通过身份证号码识别出某个人的性别、出生日期、年龄和生肖。

二、实训分析

本实训主要涉及字符串与列表相关问题，用户输入身份证号码（id），从中识别性别（gender）、出生日期（年 year、月 month、日 day）、年龄（age）和生肖（animals）等信息。

1. 程序流程图

根据身份证号码编码规则，设计实训图 6-1 所示程序流程图。

2. 关键说明

（1）定义十二生肖列表 animalsList=["鼠"，"牛"，"虎"，"兔"，"龙"，"蛇"，"马"，"羊"，"猴"，"鸡"，"狗"，"猪"]，以便求出生肖。

（2）身份证号码中第 7 ~ 14 位表示出生日期，其中第 7 ~ 10 位为年份，第 11 ~ 12 位为月份，第 13 ~ 14 位为日期。

（3）根据年份可以计算年龄，在本实训中将当前年份设置为 2024。

（4）int（）函数的功能是把字符型数据转换为整型数据。

（5）身份证号码的第 17 位数字可以用于判断性别，数字为奇数表示男性，数字为偶数表示女性，if 语句的条件可设定为 int (gender) %2==1。

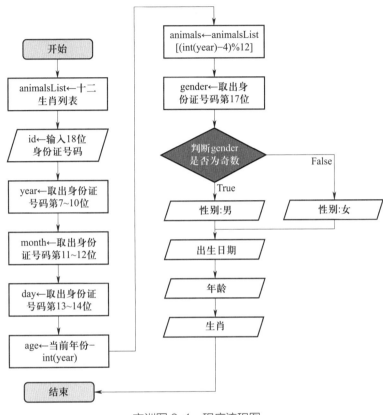

实训图 6-1 程序流程图

三、实训实现

1. 新建 Python 文件

在 PyCharm 集成开发环境下单击"New"→"Python File"命令，新建名为"Exp06.py"的 Python 文件。

2. 编写 Python 代码

在 PyCharm 工作窗口的代码区域中输入如下代码，并在理解下列代码意义的基础上，在横线上将代码补充完整。

```
animalsList = [" 鼠 ", " 牛 ", " 虎 ", " 兔 ", " 龙 ", " 蛇 ", " 马 ", " 羊 ", " 猴 ", " 鸡 ", " 狗 ",
" 猪 "]
id = input (" 请输入您的 18 位身份证号码 :")
year = id[6: 10]                                # 读取年份，为身份证号码中第 7 ～ 10 位
month =_____                             # 读取月份，为身份证号码中第 11 ～ 12 位
day = id[12: 14]                                # 读取日期，为身份证号码中第 13 ～ 14 位
age =_____                           # 计算年龄，将取得的字符串型年份转换为整
                                                   型数据
animals = animalsList[ (int (year)–4)%12]       # 计算生肖，根据年份计算出生肖索引
gender =_____                                # 取出身份证号码中第 17 位，获取性别位
if int (gender) %2 == 1:                        # 判断第 17 位是否为奇数
    print (" 性别 :", " 男 ")                     # 若第 17 位为奇数，则输出"性别：男"
else:
    print (_____)                        # 若第 17 位为偶数，则输出"性别：女"
print (" 出生日期 : ", year, " 年 ", month, " 月 ", day, " 日 ")   # 输出出生日期
print (" 今年您 : ",_____," 岁 ")             # 输出年龄
print (" 生肖 : ", animals)                      # 输出生肖
```

3. 运行程序，查看结果

单击"运行"按钮运行程序，查看运行结果，如实训图 6-2 所示。

实训图 6-2　程序运行结果

4. 解析代码

（1）year、month、day 通过字符串切片方式获得，类型为字符串型，因此，在引用年份（year）进行数值计算时需将其转换为整型数据。

（2）选择结构 if 语句中的条件表达式为 int (gender)%2==1，若结果为 True，则表示该数为奇数，否则为偶数。

（3）计算生肖时，通过表达式 (int (year)–4)%12 计算索引，然后引用列表元素获取生肖信息。

想一想

在运行本实训时，要求输入 18 位身份证号码，但在实际运行时会产生错误输入（如输入少于 18 位、多于 18 位或者输入为非数字等），那么将会产生什么结果？如何改进该程序？同时能否根据身份证号码识别出某人属于哪个地区呢？

第二节 元组

学习目标

1. 理解元组的含义。

2. 掌握元组的创建与删除方法。

3. 能使用 index ( )、count ( ) 等元组常用的方法。

4. 能使用 len ( )、min ( )、max ( )、sum ( ) 等元组常用的内置函数。

列表是一个可变序列，能实现添加、删除、修改等操作。但元组是一个不可变序列，一旦创建，就不能改变元组的元素。元组这一特性使得其在某些情况下更加安全和高效，如在某些应用场景中配置参数，一旦设置完毕就不可改变。

一、元组的含义

元组是类似于列表的一种数据结构。用括号"()"表示元组的开始和结束，元素之间用逗号分隔，且元素可以为任意类型。元组是不可变的有序序列，可通过索引访问元素。

二、元组的创建与删除

1. 创建元组

元组的创建类似于列表，常用的创建方法有两种，一是使用括号"()"创建，二是使用tuple()函数创建，元素间使用逗号","分隔。

（1）使用"()"创建元组

【例 4-2-1】在 Python 交互模式下输入如下内容并执行。

```
>>> t1= (10, 20, 30)              # 创建元组 t1，元素为 10、20、30
>>> t1
(10, 20, 30)
>>> t2= (10, )                    # 创建元组 t2，仅有一个元素 10
>>> t2
(10, )
>>> t3= (10)                      # 给变量 t3 赋值 10，t3 不是元组
>>> t3
10
>>> t4= ( )                       # 创建空元组 t4
>>> t4
( )
>>> t5=10, 20, 30                 # 创建元组 t5，其中元素为 10、20、30
>>> t5
(10, 20, 30)
```

小提示

当元组中只有一个元素时，元素后面必须有逗号，否则括号会被认为是运算符，而不是元组的边界符；当括号内没有元素时，表示创建一个空元组；在使用非空元组时，括号可以省略。在 Python 中，一组用逗号分隔的数据将被系统默认为元组类型。

（2）使用 tuple ( ) 函数创建元组

利用 tuple ( ) 函数可将一个数据结构对象（如列表、字符串或其他可迭代对象）转换为元组。

格式： tuple (x)

功能： 将 x 转换为元组，x 可以是列表、字符串或其他类型的可迭代对象。

【例 4-2-2】观察以下内容，在横线上填写相关内容，并在 Python 交互模式下验证。

```
>>> t1=tuple ("Python")          # 将字符串转换为元组
>>> t1
('P', 'y', 't', 'h', 'o', 'n')
>>> t2=tuple ([1, 2, 3])          # 将列表转换为元组
>>> t2
_____
>>> t3=tuple ( )                  # 创建空元组
>>> t3
_____
```

2. 删除元组

当一个元组不再使用时，可以利用 del 命令将其删除，以释放存储空间。如输入 del t1，即删除了元组 t1。若再引用 t1，解释器就会报错。

三、元组元素的操作

元组支持对元素进行引用、查找、合并、统计、转换等操作，也可以借助 Python 内置函数实现相关操作，见表 4-2-1。

表 4-2-1　元组常用的方法和内置函数

方法	功能描述
index ( )	返回指定元素首次出现的索引
count ( )	统计指定元素在元组中出现的次数
内置函数	功能描述
len ( )	统计元组的元素个数
max ( )	返回元组中依据元素默认比较规则确定的数值最大或者按照特定排序逻辑排在最后的那个元素
min ( )	返回元组中依据元素默认比较规则确定的数值最小或者按照特定排序逻辑排在最前的那个元素
sum ( )	对元组对象的所有元素求和

1. 引用元组元素

元组的索引从 0 开始，如 t1=[5, 8, 3, 1, 9, 2, 0, 4, 6]，其元组元素与索引的对应关系见表 4-2-2。

表 4-2-2　元组元素与索引的对应关系

元组元素	5	8	3	1	9	2	0	4	6
正向索引	0	1	2	3	4	5	6	7	8
反向索引	–9	–8	–7	–6	–5	–4	–3	–2	–1

元组可以通过索引引用一个元素，也可以通过切片引用多个元素。

格式： 元组对象 [索引]

功能： 获取元组中指定索引位置的元素。

【例 4-2-3】在 Python 交互模式下输入如下内容并执行。

```
>>> t1= (5, 8, 3, 1, 9, 2, 0, 4, 6)
>>> t1[3]                        # 获取索引为 3 的元素
1
>>> t1[-2]                       # 获取倒数第 2 个元素
4
```

利用切片引用元组的多个元素，可以参考列表切片引用的方法。

小提示

引用元素时，元组与列表都使用 "[ ]" 将索引或切片括起来。

2. 查找元组元素

使用 index ( ) 方法查找指定元素首次出现的位置。

格式： 元组对象 .index (x)

功能： 返回元组中指定元素 x 首次出现的索引，若不存在，则报错。

【例 4-2-4】在 Python 交互模式下输入如下内容并执行。

```
>>> t1= (5, 8, 3, 1, 9, 2, 0, 4, 6, 9)
>>> t1.index (9)                      #返回元素 9 首次出现的索引
4
```

3. 统计指定元素在元组中出现的次数

使用 count ( ) 方法统计指定元素在元组中出现的次数。

格式： 元组对象 .count (x)

功能： 统计指定元素 x 在元组中出现的次数。

【例 4-2-5】在 Python 交互模式下输入如下内容并执行。

```
>>> t1= (1, 3, 7, 3, 2, 7, 3, 0, 3, 1, 3)
>>> t1.count (3)                      #统计元素 3 在 t1 中出现的次数
5
```

4. 合并元组

利用加号"+"可连接两个元组，生成一个新的元组。

【例 4-2-6】在 Python 交互模式下输入如下内容并执行。

```
>>> t1= (1, 2, 3)
>>> t2= (4, 5, 6)
>>> t3=t1+t2                          #连接元组 t1、t2, 生成 t3
>>> t3
 (1, 2, 3, 4, 5, 6)
```

5. 统计元素个数

利用 len ( ) 函数统计元组中的元素个数。

格式： len (x)

功能： 统计指定元组 x 中的元素个数。

【**例 4-2-7**】在 Python 交互模式下输入如下内容并执行。

```
>>> t1= (5, 8, 3, 1, 9, 2, 0, 4, 6)
>>> len (t1)                              # 统计元组 t1 的元素个数
9
```

小提示

　　除了可以统计元组中元素的个数外，len ( ) 函数也可以统计字符串的字符个数以及列表、集合、字典等元素的个数。例如，len ("Python") 用来统计字符串 "Python" 的字符个数，个数为 6。

6. 统计最大值

　　利用 max ( ) 函数统计元组中依据元素默认比较规则确定的数值最大或者按照特定排序逻辑排在最后的那个元素。

格式： max (x)

功能： 返回指定元组 x 中依据元素默认比较规则确定的数值最大或者按照特定排序逻辑排在最后的那个元素。

【**例 4-2-8**】在 Python 交互模式下输入如下内容并执行。

```
>>> t1= (5, 8, 3, 1, 9, 2, 0, 4, 6)
>>> max (t1)                              # 返回元组 t1 中的最大元素
9
```

7. 统计最小值

　　利用 min ( ) 函数统计元组中依据元素默认比较规则确定的数值最小或者按照特定排序逻辑排在最前的那个元素。

格式： min (x)

功能： 返回指定元组 x 中依据元素默认比较规则确定的数值最小或者按照特定排序逻辑排在最前的那个元素。

【例 4-2-9】在 Python 交互模式下输入如下内容并执行。

>>> t1= (5, 8, 3, 1, 9, 2, 0, 4, 6)

>>> min (t1)   # 返回元组 t1 中的最小元素

0

8. 求元素和

利用 sum ( ) 函数计算元组中所有元素的和。

格式： sum (x)

功能： 返回指定元组 x 中所有元素的和。

【例 4-2-10】在 Python 交互模式下输入如下内容并执行。

>>> t1= (5, 8, 3, 1, 9, 2, 0, 4, 6)

>>> sum (t1)   # 返回元组 t1 中所有元素的和

38

试一试

若元组 t1=（1, 2, 3, "3"），请尝试使用 sum ( ) 函数求所有元素的和。根据执行结果，可以得出怎样的结论？

第三节 集合

学习目标

1. 了解集合的含义。

2. 能创建或删除集合。

3. 能添加、删除集合元素。

4. 了解集合运算方法。

如果需要将一组数据去除重复项或获取两组数据中的共有数据，使用列表或元组实现起来都比较麻烦，而使用集合就能快速解决完成任务。

一、集合的含义

集合是一组无序且元素不重复的序列，使用一对花括号"{}"括起来，元素之间使用逗号分隔，元素类型只能是数值、字符串、元组等不可变类型，列表、字典等可变类型不能作为集合元素。在 Python 中，集合分为可变集合和不可变集合，在没有特别声明时，集合都是指可变集合。

二、集合的创建与删除

1. 集合的创建

集合的常用创建方法有两种，一是使用花括号"{}"创建，二是使用 set ( ) 函数或 frozenset ( ) 函数创建，元素间使用逗号","分隔。

（1）使用"{}"创建集合

【例 4-3-1】在 Python 交互模式下输入如下内容并执行。

```
>>> s1={10, 5, "cba", "world"}          # 创建集合 s1
>>> s1
{'world', 10, 'cba', 5}
>>> s2={1, 5, "a", 5, "a"}              # 创建集合 s2，并去除重复元素
>>> s2
{1, 'a', 5}
>>> s3={ }                              # 创建空字典
>>> type (s3)
<class 'dict'>
```

> **小提示**
>
> 使用 {} 创建的集合为可变集合。由于集合是一个无序的序列，所以在输出时的顺序是可变的。使用 {} 创建集合时，如果 {} 内无任何元素，那么创建的实际上是一个空字典，而不是空集合。如果要创建空集合，应使用 set ( ) 函数。对于字典等相关内容，将在本章第四节中介绍。

（2）使用 set ( ) 或 frozenset ( ) 函数创建集合

set ( ) 函数用于创建可变集合，frozenset ( ) 函数用于创建不可变集合。在此重点介绍 set ( ) 函数的使用方法。

格式： set (x)

功能： 将 x 转换为集合，其中 x 为列表、元组、字符串等数据类型，如果序列中存在重复数据，则只保留一个；如果没有参数，则表示创建空集合。

【例 4-3-2】在 Python 交互模式下输入如下内容并执行。

```
>>> t1=[1, 2, 3, 4, 3, 2]          # 定义列表 t1
>>> s1=set (t1)                     # 将列表 t1 转换为集合
>>> s1
{1, 2, 3, 4}
>>> s2=set ("happy")               # 将字符串转换为集合
>>> s2
{'p', 'y', 'a', 'h'}
>>> s3=set ( )                      # 创建空集合
>>> s3
set ( )
```

2. 集合的删除

当一个集合不再使用时，可以利用 del 命令将其删除，以释放存储空间。如输入 del s1，即删除了 s1 集合。若再引用 s1，解释器就会报错。

三、集合运算

Python 中支持集合的并（|）、交（&）、差（−）、对称差（^）及子集判断（<= 子集或 < 严格子集）等运算。

【例 4-3-3】在 Python 交互模式下输入如下内容并执行。

```
>>> s1={1, 2, 3, 4}
>>> s2={3, 4, 5, 6}
>>> s3=s1|s2            # 将集合 s1 和 s2 进行并运算后赋给集合 s3
```

```
>>> s3
{1, 2, 3, 4, 5, 6}
>>> s4=s1&s2                    #将集合 s1 和 s2 进行交运算后赋给集合 s4
>>> s4
{3, 4}
>>> s1<=s3                      #判断 s1 是否为 s3 的子集
True
>>> s5=s1-s2                    #将集合 s1 和 s2 进行差运算后赋给集合 s5
>>> s5
{1, 2}
>>> s6=s1^s2                    #将集合 s1 和 s2 进行对称差运算后赋给集合 s6
>>> s6
{1, 2, 5, 6}
```

小提示

集合运算关系见表 4-3-1，每个韦恩（Venn）图中的红色阴影部分为集合运算结果。

表 4-3-1　集合运算关系

集合运算符	韦恩图	说明
并（|）		将两个集合合并为一个集合，并且去除重复元素
交（&）		获取同时存在于两个集合中的元素

续表

集合运算符	韦恩图	说明
差（−）		获取存在于集合 A 中且不在集合 B 中的元素
对称差（^）		获取不同时存在于两个集合中的元素

集合还涉及其他运算、常用函数和常用方法，在此不再赘述，读者可自行学习。

练一练

请输入三个字符串，找出三个字符串共有的字符。

实训七　设计拷贝不走样程序

学习了列表、元组及集合的创建方法和元素的操作方法后，接下来围绕设计拷贝不走样程序巩固相关知识。

一、实训要求

设计一个拷贝不走样程序。将某字符串转换成列表、元组、集合后，再转换成字符串，查看转换前后的字符串是否一致。若一致，则实现了拷贝不走样的效果。

二、实训分析

本实训主要涉及字符串与列表、元组、集合相互转换的问题，将字符串（str1）转换成列表（list1）、元组（t1）、集合（s1），再由集合和列表分别转换成字符串（str2、str3），最后判断 str1 与 str2、str1 与 str3 是否相等，并输出相应的判断结果。

1. 程序流程图

根据转换规则，设计实训图 7-1 所示程序流程图。

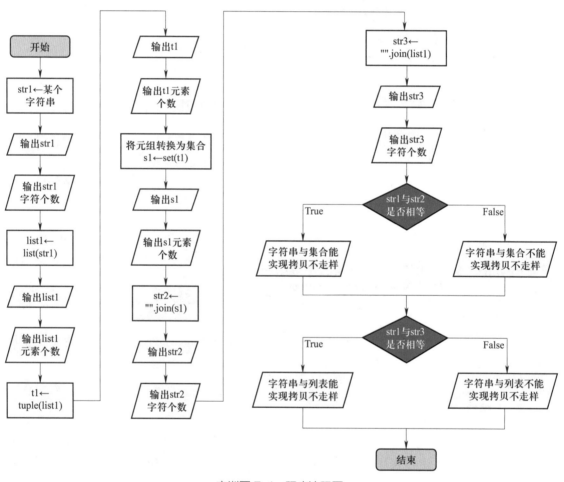

实训图 7-1　程序流程图

2. 关键说明

（1）定义已知字符串 str1="Welcome to the Hangzhou Asian Games!"。

（2）若将列表、集合转换成字符串，需要使用 join（）函数，其格式为 "sep".join（seq），其中 sep 为分隔符，seq 为需要转换的数据对象。

（3）if 语句用于判断前后字符串是否一致。

三、实训实现

1. 新建 Python 文件

在 PyCharm 集成开发环境下单击 "New" → "Python File" 命令，添加名为 "Exp07.py" 的 Python 文件。

2. 编写 Python 代码

在 PyCharm 工作窗口的代码区域中输入如下代码，并在理解下列代码意义的基础上，在横线上将代码补充完整。

```
str1 = "Welcome to the Hangzhou Asian Games!"
print (" 原始字符串 :", str1)
print (" 原始字符串的字符个数 :", len (str1))
list1 = _____              # 将字符串转换为列表
print (" 字符串转列表 :", list1)
print (" 字符串转列表后的元素个数 :", len (list1))
t1 = _____                # 将列表转换为元组
print (" 列表转元组 :", t1)
print (" 列表转元组后的元素个数 :", len (t1))
s1 = _____                  # 将元组转换为集合
print (" 元组转集合 :", s1)
print (" 元组转集合后的元素个数 :", len (s1))
str2 = "".join (s1)              # 将集合转换为字符串
```

```
print (" 集合转字符串 :", str2)
print (" 集合转字符串后的元素个数 :", len (str2))
str3 = _____                    #将列表转换为字符串
print (" 列表转字符串 :", str3)
print (" 列表转字符串后的字符个数 :", len (str3))
if str1 == str2:                          # 判断 str1 与 str2 是否相等
    print (" 原始字符串与集合转字符串 \' 能 \' 实现拷贝不走样 !")
else:
    print (" 原始字符串与集合转字符串 \' 不能 \' 实现拷贝不走样 !")
if _____                        # 判断 str1 与 str3 是否相等
    print (" 原始字符串与列表转字符串 \' 能 \' 实现拷贝不走样 !")
else:
    print (" 原始字符串与集合转字符串 \' 不能 \' 实现拷贝不走样 !")
print (str1*2)                            # 字符串 str1 连接
```

3. 运行程序，查看结果

单击"运行"按钮运行程序，查看结果，实训图 7-2 所示为截取了部分输出的运行结果。

```
原始字符串与集合转字符串 ' 不能 ' 实现拷贝不走样 !
原始字符串与列表转字符串 ' 能 ' 实现拷贝不走样 !
Welcome to the Hangzhou Asian Games!Welcome to the Hangzhou Asian Games!
```

实训图 7-2 程序运行结果

4. 解析代码

（1）将字符串转换为列表、元组和集合数据类型分别用到了 list ( )、tuple ( ) 和 set ( ) 等函数。

（2）统计各数据对象的元素个数用到了 len ( ) 函数。

（3）选择结构 if 语句中的条件使用表达式 str1==str2 和 str1==str3 表示，其结果为 True 或 False，用于判断是否实现了拷贝不走样的效果。

（4）若要实现一个对象中的元素连接，则其格式如下：对象名 *n，n 为次数。

第四节　字典

学习目标

1. 理解字典的含义。
2. 能创建和删除字典。
3. 能进行字典元素的操作。
4. 了解字典的遍历方式和推导式。

字典是 Python 中非常有用的内置数据类型，具有极高的查询效率和极大的数据操作灵活性。

一、字典的含义

字典是一种可变的无序序列，它以键值对的形式组织数据，字典中的元素存放在一对花括号"{ }"中，元素之间用逗号分隔。

键值对由键（key）和值（value）组成，中间用半角的冒号（:）分隔，即 key: value。如 " 学号 ":"3300425" 的键为 " 学号 "，对应的值为 "3300425"。采用键值对可以更加独立而紧密地表示两者之间的关系，其键和值是一种映射关系。

字典中的元素是无序的，不能像列表、元组那样通过索引访问元素，而是通过"键"访问对应的值。因此，字典中各元素的"键"是唯一的，不允许重复，而"值"是可以重复的。例如，学号是唯一的，而姓名是可以重名的。

字典中的"键"必须是不可变类型，如整型、浮点型、字符串、元组等，不能使用列表、字典、集合等可变类型，但"值"可以是任何数据类型。

二、字典的创建与删除

1. 字典的创建

字典的常用创建方法有三种，一是使用花括号"{ }"创建，二是使用 dict ( ) 函数创建，三是使用字典类的 fromkeys ( ) 方法创建，元素间使用逗号","分隔。在此重点介绍使用"{ }"创建字典的方法。

将键值对以逗号分隔后放在"{ }"内赋给某一变量即可创建一个字典。若花括号中没有给出键值对，则表示创建了一个空字典。

【例 4-4-1】在 Python 交互模式下输入如下内容并执行。

```
>>> stud1={" 学号 ":"3300425", " 姓名 ":" 李明 ", " 性别 ":" 男 "}
                                    # 定义一个具有三个元素的字典
>>> stud1
{' 学号 ': '3300425', ' 姓名 ': ' 李明 ', ' 性别 ': ' 男 '}
>>> stud2={ }                          # 定义一个空字典
>>> stud2
{ }
>>> stud3={" 学号 ":"3300426", " 姓名 ":" 张欣 ", " 性别 ":" 男 ", " 性别 ":" 女 "}
>>> stud3                    # 键具有唯一性,键重复时保留最后一个键值对
{' 学号 ': '3300426', ' 姓名 ': ' 张欣 ', ' 性别 ': ' 女 '}
```

小提示

定义字典变量时，在 Python 中允许输入重复键的元素。而实际调用时，在 Python 中只会保留最后一个键值对。为了避免此类问题，在定义字典对象时，应确保键的唯一性。

2. 字典的删除

当一个字典不再使用时，可以利用 del 命令将其删除，以释放存储空间。如输入 del stud1，即删除了字典 stud1。若再引用 stud1，解释器就会报错。

三、字典元素的基本操作

1. 字典元素的引用

（1）键

格式： 字典对象 [键]

功能： 获取指定键对应的值。若指定键不存在，则报错。

【例 4-4-2】在 Python 交互模式下输入如下内容并执行。

```
>>> stud1={" 学号 ":"3300425"," 姓名 ":" 李明 "," 性别 ":" 男 "}     # 定义字典 stud1
>>> stud1[" 姓名 "]                        # 引用键为 "姓名" 的字典元素所对应的值
' 李明 '
```

（2）get ( ) 方法

通过键访问值时，若指定的键不存在，则会报错。为了避免因报错而导致程序中止，字典对象还提供了 get ( ) 方法来获取指定键对应的值，并允许出现键不存在的情况。

格式： 字典对象 .get（键 [, d]）

功能： 若键存在，则返回键对应的值；若键不存在且指定了 d，则返回 d，否则无返回值。

【例 4-4-3】在 Python 交互模式下输入如下内容并执行。

```
>>> stud1={" 学号 ":"3300425"," 姓名 ":" 李明 "," 性别 ":" 男 "}     # 定义字典 stud1
>>> stud1.get (" 姓名 ","None")                # 当键存在时，返回对应的值
' 李明 '
>>> stud1.get (" 年龄 ","None")                # 当键不存在时，返回指定的值 "None"
'None'
>>> stud1.get (" 年龄 ")                       # 当键不存在且未指定返回值时，则无返回
```

2. 字典元素的添加或修改

添加或修改一个字典元素可以直接以指定键为索引为字典元素赋值。若指定的键不存在，则为添加操作，否则为修改操作。

格式： 字典对象 [键]= 值

功能： 向字典中添加或修改元素。

【例 4-4-4】观察以下内容，在横线上填写相关内容，并在 Python 交互模式下验证。

```
>>> stud1={" 学号 ":"3300425"," 姓名 ":" 李明 "," 性别 ":" 男 "}
>>> stud1[" 年龄 "]=18              # 添加元素
>>> stud1
{'学号 ': '3300425',' 姓名 ': ' 李明 ',' 性别 ': ' 男 ',' 年龄 ': 18}
>>> stud1[" 姓名 "]=" 张欣 "          # 修改元素
>>> _____          # 修改元素
>>> stud1
{'学号 ': '3300425',' 姓名 ': ' 张欣 ',' 性别 ': ' 女 ',' 年龄 ': 18}
```

3. 字典元素的删除

（1）del 命令
可以使用 del 命令删除字典中指定的元素。

格式： del 字典对象 (x)

功能： 删除指定键 x 对应的元素。

【例 4-4-5】在 Python 交互模式下输入如下内容并执行。

```
>>> stud1={" 学号 ":"3300425"," 姓名 ":" 张欣 "," 性别 ":" 女 "," 年龄 ": 18}
>>> del stud1[" 性别 "]              # 删除指定元素
>>> stud1
{'学号 ': '3300425',' 姓名 ': ' 张欣 ',' 年龄 ': 18}
```

（2）clear ( ) 方法
可以使用 clear ( ) 方法删除字典中的所有元素，成为一个空字典。

格式： 字典对象 .clear ( )

功能： 清空字典。

【例 4-4-6】在 Python 交互模式下输入如下内容并执行。

>>> stud1={" 学号 ":"3300425"," 姓名 ":" 张欣 "," 性别 ":" 女 "," 年龄 ": 18}

>>> stud1.clear ( )　　　　　　　　#清空字典

>>> stud1

{ }

4. 字典的常用操作方法

Python 中字典的常用操作方法见表 4-4-1。

表 4-4-1　字典的常用操作方法

方法	功能描述
keys ( )	获取字典中所有的键
values ( )	获取字典中所有的值
items ( )	获取字典中所有的键值对，每个元素以元组呈现
update ( )	利用一个字典更新另外一个字典
pop ( )	删除指定键的元素，并返回指定键对应的值
popitem ( )	随机删除元素，并返回该元素
setdefault ( )	当键在字典中时，获取键对应的值；当键不在字典中时，设置键值对

（1）keys ( ) 方法

格式： 字典对象 .keys ( )

功能： 获取字典中所有的键。

【例 4-4-7】在 Python 交互模式下输入如下内容并执行。

>>> stud1={" 学号 ":"3300425"," 姓名 ":" 张欣 "," 性别 ":" 女 "}

>>> stud1.keys ( )　　　　　　　　# 获取字典中所有的键，并以 dict_keys 类型呈现

dict_keys (['学号 ','姓名 ','性别 '])

（2）values ( ) 方法

格式： 字典对象 .values ( )

功能： 获取字典中所有的值。

【例 4-4-8】在 Python 交互模式下输入如下内容并执行。

```
>>> stud1={" 学号 ":"3300425"," 姓名 ":" 张欣 "," 性别 ":" 女 "}
>>> stud1.values ()                    # 获取字典中所有的值，并以 dict_values 类型呈现
dict_values (['3300425', ' 张欣 ', ' 女 '])
```

（3）items () 方法

格式： 字典对象 .items ()

功能： 获取字典中所有的键值对，每个元素以元组呈现。

【例 4-4-9】在 Python 交互模式下输入如下内容并执行。

```
>>> stud1={" 学号 ":"3300425"," 姓名 ":" 张欣 "," 性别 ":" 女 "}
>>> stud1.items ()                    # 获取字典中所有的键值对，并以 dict_items 类型呈现
dict_items ([ (' 学号 ', '3300425'), (' 姓名 ', ' 张欣 '), (' 性别 ', ' 女 ')])
```

（4）update () 方法

格式： 字典对象 1.update（字典对象 2）

功能： 用字典对象 2 更新字典对象 1，若字典对象 2 中的键在字典 1 中存在，则更新对应的值；若不存在，则添加相应的键值对。

【例 4-4-10】在 Python 交互模式下输入如下内容并执行。

```
>>> stud1={" 学号 ":"3300425"," 姓名 ":" 张欣 "," 性别 ":" 女 "}
>>> stud2={" 姓名 ":" 张强 "," 性别 ":" 男 "," 年龄 ": 18}
>>> stud1.update (stud2)              # 用 stud2 字典更新 stud1 字典
>>> stud1
{' 学号 ': '3300425', ' 姓名 ': ' 张强 ', ' 性别 ': ' 男 ', ' 年龄 ': 18}
```

（5）pop () 方法

格式： 字典对象 .pop (key[, d])

功能： 若 key 键在字典中存在，则删除 key 键对应的元素，并返回该键对应的值；若 key 键不存在，则返回指定的值 d；若 key 键不存在，且未指定值，则报错。

【例 4-4-11】在 Python 交互模式下输入如下内容并执行。

>>> stud1={" 学号 ":"3300425", " 姓名 ":" 张强 ", " 性别 ":" 男 ", " 年龄 ": 18}

>>> stud1.pop (" 年龄 ")　　　　　　　　# 删除键对应的元素，并返回键对应的值

18

>>> stud1

{' 学号 ': '3300425', ' 姓名 ': ' 张强 ', ' 性别 ': ' 男 '}

>>> stud1.pop (" 年龄 ", "None")　　　　　# 若键不存在，则返回指定值 "None"

'None'

（6）popitem ( ) 方法

格式：字典对象 .popitem ( )

功能：随机删除字典中的元素，并返回对应键值对的元组。

【例 4-4-12】在 Python 交互模式下输入如下内容并执行。

>>> stud1={" 学号 ":"3300425", " 姓名 ":" 张强 ", " 性别 ":" 男 "}

>>> stud1.popitem ( )　　　　　　　　　# 随机删除字典中的元素，并返回键值对

(' 性别 ', ' 男 ')

>>> stud1

{' 学号 ': '3300425', ' 姓名 ' : ' 张强 '}

（7）setdefault ( ) 方法

格式：字典对象 .setdefault (key[, value])

功能：若键 key 在字典中，则返回该键对应的值；若键 key 不在字典中，则将（key，value）添加到字典中，value 默认为 None。

【例 4-4-13】在 Python 交互模式下输入如下内容并执行。

>>> stud1={" 学号 ":"3300425", " 姓名 ":" 张强 ", " 性别 ":" 男 "}

>>> stud1.setdefault (" 姓名 ")　　　　　# 键在字典中，获取键对应的值

' 张强 '

>>> stud1.setdefault (" 年龄 ")　　　　　# 键不在字典中，添加新元素，值为默认值 None

>>> stud1

{' 学号 ': '3300425', ' 姓名 ': ' 张强 ', ' 性别 ': ' 男 ', ' 年龄 ': None}

>>> stud1.setdefault (" 语文 ", 78)　　　　# 键不在字典中，添加新元素，值为 78

78

```
>>> stud1
{'学号 ': '3300425', ' 姓名 ': ' 张强 ', ' 性别 ': ' 男 ', ' 年龄 ': None, ' 语文 ': 78}
```

字典中还有其他常用函数，如 len ( )、max ( )、min ( )、sum ( )、sorted ( ) 等函数，需注意的是，这些函数默认情况下统计对象为字典的键，若要统计值或键值对，则需要用 values ( ) 或 items ( ) 方法指明。同时除 len ( ) 外，其余 4 个函数所统计的键或值的数据类型需一致。

四、字典遍历操作

Python 中提供了丰富的遍历字典键值对、键和值的操作功能，通过使用循环结构 for 语句实现遍历。

1. 遍历所有键值对

利用 items ( ) 方法遍历所有键值对。

【例 4-4-14】在 Python 交互模式下输入如下内容并执行。

```
>>> stud1={" 学号 ":"3300425", " 姓名 ":" 张强 ", " 性别 ":" 男 "}
>>> for item in stud1.items ( ):
        print (item)
(' 学号 ', '3300425')                    # 以元组形式返回字典中的元素
(' 姓名 ', ' 张强 ')
(' 性别 ', ' 男 ')
```

2. 遍历所有键

（1）利用字典变量循环遍历

【例 4-4-15】在 Python 交互模式下输入如下内容并执行。

```
>>> stud1={" 学号 ":"3300425", " 姓名 ":" 张强 ", " 性别 ":" 男 "}
>>> for key in stud1:
        print (key)
学号
姓名
性别
```

（2）利用 keys（）方法获取字典键

【例 4-4-16】在 Python 交互模式下输入如下内容并执行。

>>> stud1={" 学号 ":"3300425", " 姓名 ":" 张强 ", " 性别 ":" 男 "}
>>> for key in stud1.keys（）:

　　　　print（key）

学号

姓名

性别

3. 遍历所有值

（1）通过键遍历值

【例 4-4-17】在 Python 交互模式下输入如下内容并执行。

>>> stud1={" 学号 ":"3300425", " 姓名 ":" 张强 ", " 性别 ":" 男 "}
>>> for key in stud1:

　　　　print（stud1[key]）

3300425

张强

男

（2）通过 values（）方法遍历值

【例 4-4-18】在 Python 交互模式下输入如下内容并执行。

>>> stud1={" 学号 ":"3300425", " 姓名 ":" 张强 ", " 性别 ":" 男 "}
>>> for value in stud1.values（）:

　　　　print（value）

3300425

张强

男

五、字典推导式

字典支持采用一种简洁的方式来生成数据，即字典推导式。列表、元组、集合等数据结构也可以采用推导式生成相应数据。

【例 4-4-19】在 Python 交互模式下输入如下内容并执行。

```
>>> list1=[" 学号 "," 姓名 "," 性别 "]        # 定义列表
>>> list2=["3300425"," 李明 "," 男 "]         # 定义列表
>>> stud1={k: v for k, v in zip (list1, list2)}   # 字典推导，k 表示键，v 表示值
>>> stud1
{' 学号 ': '3300425', ' 姓名 ': ' 李明 ', ' 性别 ': ' 男 '}
```

本例中使用的 zip ( ) 函数将可迭代的对象作为参数，将对象中对应的元素打包成元组，并返回这些元组组成的列表，zip 中可迭代的参数可以是列表、元组等，以上程序代码也可以表示成如下程序段。

```
list1=[" 学号 "," 姓名 "," 性别 "]        # 定义列表
list2=["3300425"," 李明 "," 男 "]         # 定义列表
stud1={ }                              # 创建空字典
z= zip (list1, list2)                     # 创建迭代器
for k, v in z:                          # 遍历
    stud1[k]=v                         # 添加字典的键和值
print (stud1)                          # 输出
```

从该例中可以看出，比较简单的遍历程序通过字典推导方式来实现的话，代码会更加简洁。

练一练

请将表 4-4-2 中的记录用字典方式表示。

表 4-4-2　记录

学号	姓名	班级	性别
10101	张三	101	男
10102	李四	101	男
10203	王五	102	女

学习了字典的创建方法和字典元素的操作方法后，接下来围绕设计打印购物清单程序来应用字典类型数据。

一、实训要求

设计一个打印购物清单程序。已知某超市有 5 种商品，每种商品包含商品代码、商品名称和商品价格这 3 种信息，具体见实训表 8-1。

实训表 8-1　某超市商品信息

商品代码	商品名称	商品价格（单位：元）
1001	纯牛奶	3.5
1002	饼干	8.0
1003	面包	6.0
1004	可口可乐	3.5
1005	雪碧	3.5

现有某位顾客在超市购买了一些商品，超市收银员需为该客户提供购物清单。

二、实训分析

本案例主要使用字典数据类型存储购物清单并遍历输出，已知收银员（cashier）、结账日期（datc）、商品代码和价格字典（inventory）、商品代码和名称字典（goods）、购买商品字典（shoppingDict），通过显示现有库存情况，根据顾客购买的商品，由收银员输入相应商品代码（code）结账，输出购物清单。

1. 程序流程图

根据购物清单结账流程，设计实训图 8-1 所示程序流程图。

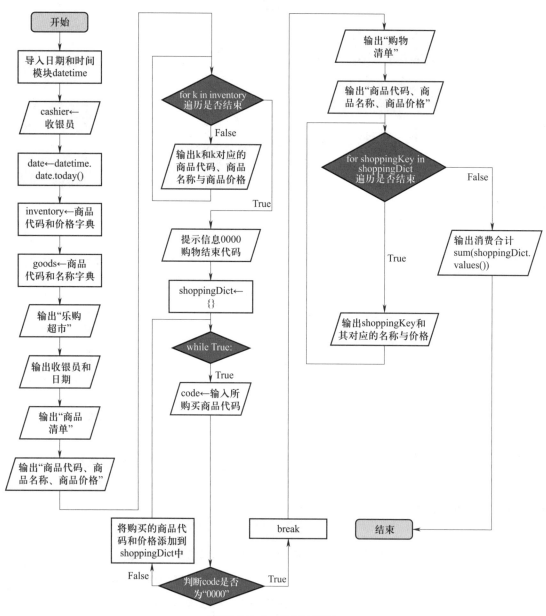

实训图 8-1　程序流程图

2. 关键说明

（1）定义已知商品代码和价格字典 inventory={"1001"：3.5，"1002"：8，"1003"：6，"1004"：3.5，"1005"：3.5} 以及商品代码和名称字典 goods={"1001"："纯牛奶"，"1002"："饼干"，"1003"："面包"，"1004"："可口可乐"，"1005"："雪碧"}。

（2）引用日期和时间模块 import datetime 以显示当天日期，模块导入相关内容将在后续章节中介绍。

（3）循环结构 for 语句用于遍历字典元素，循环结构 while 语句用于模拟结账过程，利用 break 语句强制退出 while 循环。

（4）if 语句用于判断是否结束购买商品，以便于对购物清单进行结算。

三、实训实现

1. 新建 Python 文件

在 PyCharm 集成开发环境下单击"New"→"Python File"命令，新建名为"Exp08.py"的 Python 文件。

2. 编写 Python 代码

在 PyCharm 工作窗口的代码区域中输入如下代码，并在理解下列代码意义的基础上，在横线上将代码补充完整。

```
import datetime                          # 导入日期和时间模块 datetime
cashier = _____                 # 定义收银员变量
date = datetime.date.today ( )           # 获取当天日期
# 定义字典 inventory 和 goods，前者存放商品代码和价格，后者存放商品代码和名称
inventory = {"1001": 3.5, "1002": 8, "1003": 6, "1004": 3.5, "1005": 3.5}
goods = _____
print ("-------------- 乐购超市 --------------")
print (" 收银员 :", cashier, " 日期 :", date)
```

```
print ("--------------- 商品清单 ---------------")
print ("\t 商品代码 ", "\t 商品名称 ", "\t 商品价格 ( 单位 : 元 )")
for k in inventory:                                #遍历所有商品代码、商品名称和商品价格
    print ("\t"+k, "\t"+goods[k], "\t"+str (inventory[k]))
print (" 输入 0000 表示结束购物 ")
shoppingDict = { }                                 #定义所购商品空字典
while True:                                         #循环输入所购商品代码，直到输入 0000 结束
    code = input (" 请输入所购买商品代码 :")
    if _____                               #如果输入 0000，则结束输入
      break                                         #退出循环
    else:
        shoppingDict.setdefault (code, _____)   #添加所购商品字典
print ("--------------- 购物清单 ---------------")
print ("\t 商品代码 ", "\t 商品名称 ", "\t 商品价格 ( 单位 : 元 )")
for _____             #遍历所有已购买商品代码、商品名称和商品价格
    print ("\t"+shoppingKey, "\t"+_____, "\t"+\   #末尾 \ 为续行符
           str (shoppingDict[shoppingKey]))
print (" 消费合计 :", sum (shoppingDict.values ( )), " 元 ")        #输出消费合计
```

3. 运行程序，查看结果

单击"运行"按钮运行程序，查看运行结果，如实训图 8-2 所示。

4. 解析代码

（1）购物清单日期采用调用系统日期的方式，调用方法为 datetime.date.today ( )。

（2）字典 inventory 和 goods 分别用于存储商品代码和价格以及商品代码和名称。

（3）循环结构 "for k in inventory:" 用于遍历字典中的元素，k 为字典中的键，通过 print ("\t"+k, "\t"+goods[k], "\t"+str (inventory[k])) 读取键对应的值，由于要实现字符串的连接，所以将读取的数值型数据转换为字符串型数据。

（4）循环结构 "while True:" 表示无限循环。

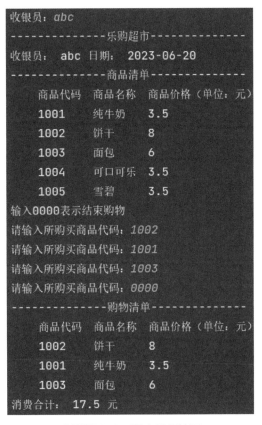

实训图 8-2 程序运行结果

想一想

在运行本实训时，是否能实现顾客一次性购买多件同一种商品？若不能，应如何改进该程序？

实训再现

请运行实训八设计打印购物清单程序，在下面的方框中记录多次输入的商品代码和输出的结果，若出现错误，请分析原因，并修正程序。

拓展练习

1. 编写程序实现如下功能：任意输入 10 个数，判断这 10 个数中是否有重复数，并按降序排列数。

2. 编写程序统计一个字符串中各字符出现的次数。

3. 编写程序实现如下功能：输入一个字符串，将字符串中的所有字符全部向后移动一位，然后将字符串的最后一个字符放到字符串的开头，并输出新的字符串。

4. 编写程序实现如下功能：向列表中添加一些整数，然后删除列表中的所有偶数。

5. 使用字典编程，输入某班的学生姓名和成绩，输出该班的学生姓名和成绩，并求出全班学生的人数和平均成绩。

第五章　函数与模块

在 Python 中，函数的应用非常广泛。读者在前面的学习中已经接触过很多函数，如 print ( )、input ( )、len ( )、max ( )、sum ( ) 等，这些函数是 Python 内置的标准函数，可以直接使用。除标准函数外，Python 还支持自定义函数，即通过将一段能实现某个功能的代码定义为函数，来达到一次编写代码、多次调用函数的目的。

在本章中，通过"函数定义与调用""函数参数""函数变量作用域""数学函数""字符串函数""列表函数""模块与包"和三个实训等，来了解函数定义和调用的方法，将自定义函数封装成模块，掌握数学函数、字符串函数和列表函数等常用函数的使用方法，并理解局部变量和全局变量的作用范围。

 **第一节　函数定义与调用**

 学习目标

1. 理解函数的概念及作用。
2. 掌握函数的定义方法和调用方式。

如果想使编写的程序更加简洁、友好，让程序的编写、阅读、测试及共享更加简单，那么函数就是一种最好的表现形式。

在 Python 中，函数是一段封装了独立功能逻辑的代码块，可以提高代码的可读性、可维护性和可测试性，同时增加代码重用的能力。函数使程序逻辑更加清晰，调试更加方便。

Python 中提供了丰富的内置函数，如数学函数、字符串函数、列表函数等，读者也可以自定义函数，来实现想要的功能。

一、函数的概念及作用

1. 函数的概念

函数是组织好的、可重复使用的、用于实现某一功能的代码段，如 print ( ) 函数用于实现打印输出，input ( ) 函数用于实现数据输入等。

2. 函数的作用

从代码角度来看，借助函数，代码逻辑可以得到优化，更便于阅读；从程序员角度来看，借助函数，可以提高代码编写效率和质量，便于测试和更新代码；从团队协作角度来看，合理共享函数，可以提升团队效率。

【例 5-1-1】已知 5 名学生的语文、数学和英语成绩，请在 PyCharm 集成开发环境下求每名学生的三科的平均成绩，并保留两位小数。

```
d1 = {" 语文 ": 78, " 数学 ": 86, " 英语 ": 92}        # 定义字典并赋值
d2 = {" 语文 ": 87, " 数学 ": 82, " 英语 ": 68}
d3 = {" 语文 ": 77, " 数学 ": 88, " 英语 ": 99}
d4 = {" 语文 ": 65, " 数学 ": 76, " 英语 ": 82}
d5 = {" 语文 ": 88, " 数学 ": 76, " 英语 ": 85}
print (round (sum (d1.values ( ))/len (d1), 2), end = " ")   # 输出平均成绩并保留两位小数
print (round (sum (d2.values ( ))/len (d2), 2), end = " ")
print (round (sum (d3.values ( ))/len (d3), 2), end = " ")
print (round (sum (d4.values ( ))/len (d4), 2), end = " ")
print (round (sum (d5.values ( ))/len (d5), 2), end = " ")
```

程序运行结果如图 5-1-1 所示。

```
85.33  79.0  88.0  74.33  83.0
```

图 5-1-1 程序运行结果

从【例 5-1-1】中可以发现，程序代码中的有些语句比较臃肿，部分代码重复编写了五次，如 print ( ) 语句。实际中可以将某些具有共同特点的程序段抽取出来，定义为函数，以简

化程序，使结构更加清晰。

二、函数的定义与调用

1. 函数的定义

自定义函数的语法格式：

def　函数名 ([形参 1, 形参 2, …]):
　　函数体
　　[return 返回值]

说明：

（1）函数代码块以关键字 def 开头，空一格紧跟函数名、括号和冒号，然后是函数体。函数体相对于关键字 def 有一定的缩进量。

（2）函数名不能与内置函数名相同，也不能与 Python 中的关键字相同。

（3）形参为可选项，形参间用半角逗号 "," 分隔。调用函数时，传递过来的值会赋给形参，所以可以将形参理解为函数的输入，形参传递对象可以是数字、字符串，也可以是列表、元组等。

（4）函数体中可以使用 return 语句返回一个值给调用方。return 不带返回值或没有 return 语句时，系统会自动返回 None。

（5）在定义函数时，为提高代码的可读性，可在函数体开头加上注释，以说明函数的功能。

2. 函数的调用

定义函数后，可以在程序中使用该函数，这个过程称为函数的调用。

函数的调用格式： 函数名 ([实参 1, 实参 2, …])

【**例 5-1-2**】在 PyCharm 集成开发环境下设计自定义函数 avg ( ) 实现【例 5-1-1】的要求。

# 定义平均值函数，函数名为 avg，形参为 data
def avg (data):
　　return round (sum (data.values ( ))/len (data), 2)　　　　# 返回平均值，保留两位小数
# 主程序
d1 = {" 语文 ": 78, " 数学 ": 86, " 英语 ": 92}　　# 定义字典并赋值

```
d2 = {" 语文 ": 87, " 数学 ": 82, " 英语 ": 68}
d3 = {" 语文 ": 77, " 数学 ": 88, " 英语 ": 99}
d4 = {" 语文 ": 65, " 数学 ": 76, " 英语 ": 82}
d5 = {" 语文 ": 88, " 数学 ": 76, " 英语 ": 85}
print (avg (d1), end = "    ")              # 调用自定义函数 avg ( )，实参为 d1
print (avg (d2), end = "    ")
print (avg (d3), end = "    ")
print (avg (d4), end = "    ")
print (avg (d5), end = "    ")
```

程序运行结果如图 5-1-1 所示。

想一想

若字典 d1 ~ d5 都被赋初值为空字典，运行结果将会如何？若有问题，应如何改进？同时可发现 print 语句具有共同的特点，并出现了五次。如果出现了 10 次甚至 100 次，也是采用这种方式来处理吗？还能如何优化程序呢？

【例 5-1-3】在 PyCharm 集成开发环境下输入如下代码，了解函数的不同定义方法。

```
def func1 ( ):                             # 定义 func1 ( ) 函数，该函数无参数，也无返回值
    print ("Welcome to Hangzhou")
def func2 (name):                          # 定义 func2 ( ) 函数，该函数有参数，无返回值
    print ("Welcome to", name)
def func3 ( ):                             # 定义 func3 ( ) 函数，该函数无参数，有返回值
    str1="Welcome to Hangzhou"
    return str1                            # 返回值
def func4 (name):                          # 定义 func4 ( ) 函数，该函数有参数，也有返回值
    str2="Welcome to "+ name
    return str2
# 主程序
func1 ( )                                  # 调用 func1 ( ) 函数
```

func2 ("Hangzhou")　　　　　　　　　　# 调用 func2 ( ) 函数

print (func3 ( ))　　　　　　　　　　　# 调用 func3 ( ) 函数

print (func4 ("Hangzhou"))　　　　　　　# 调用 func4 ( ) 函数

程序运行结果如图 5-1-2 所示。

```
Welcome to Hangzhou
Welcome to Hangzhou
Welcome to Hangzhou
Welcome to Hangzhou
```

图 5-1-2　程序运行结果

【例 5-1-4】在 PyCharm 集成开发环境下设计自定义函数 power ( )，以实现某个数的二次方、三次方和四次方运算。

def power (n):　　　　　　　　　　　　# 定义乘方函数

　　return n ** 2, n ** 3, n ** 4　　　　　# 返回三个值

主程序

a = power (3)　　　　　　　　　　　　# 以元组形式接收返回值

print ("a=", a)

x, y, z = power (4)　　　　　　　　　　# 以多个变量形式接收返回值

print ("x=", x, "y=", y, "z=", z)

程序运行结果如图 5-1-3 所示。

从上述三个示例中可以发现，return 语句可以无返回值，可以返回一个表达式的值，也可以返回多个表达式的值。当返回多个表达式的值时，可以直接以元组方式返回，也可以将返回值赋给多个变量。

```
a= (9, 27, 81)
x= 16 y= 64 z= 256
```

图 5-1-3　程序运行结果

练一练

编写一个计算 1+2+3+⋯+n 的函数。

小知识

Python 中还有一种自定义函数，被称为匿名函数，即 lambda ( ) 函数，它没有函数名称，省去了定义函数的过程，使代码更加精简。

格式： lambda [形参 1, 形参 2, …]: 表达式

功能： 可以接受任意数量的参数，与普通函数不同的是，它基于传入的参数执行给定表达式的运算，并将表达式的运算结果作为函数的返回值。

说明：

（1）lambda：与普通函数中的关键字 def 功能类似，是定义匿名函数的关键字。

（2）形参：与普通函数中的形参功能相同。

（3）表达式：匿名函数的函数体，只包含一个表达式。

例如，在 Python 中引用匿名函数，实现两个数相减，其程序代码如下。

```
s=lambda a, b: a-b      #引用匿名函数
print (s (6, 3))        #输出匿名函数的值
```

在上述代码中，s (6, 3) 中的参数 6 和 3 分别传递给 a 和 b，再经过（a-b）运算，得到计算结果并赋给 s，其程序的运行结果为 3。

第二节　函数参数

学习目标

1. 了解形参和实参的含义。
2. 了解参数的传递方式。
3. 了解参数的类型。
4. 了解序列解包。

定义函数时，括号内为形参，一个函数可以有多个形参，形参之间用逗号隔开。也可以没有形参，但必须有括号。调用函数时，括号内为实参。

一、函数参数的传递与类型

1. 函数参数的传递

在 Python 中调用函数时，实参向形参的数据传递是单向的，即把实参的数据传递给形参，而不能由形参传回给实参。

当函数获得实参后，如果函数体内部改变了形参，该改变是否会影响实参，取决于传递的参数类型。从严格意义上说，Python 中的函数并不像其他编程语言那样有"值传递"或"引用传递"，而是传递"不可变对象"和"可变对象"。Python 中的不可变对象与可变对象见表 5-2-1。

表 5-2-1　Python 中的不可变对象与可变对象

对象类型	数据类型	描述
不可变对象	字符串、元组、数值	实参数据传递给形参时，相当于复制了一个变量；该变量在函数内的变化不影响该变量在函数外的值
可变对象	列表、字典、集合	实参数据传递给形参时，在函数内对该变量的操作将影响该变量本身的值，也就是两者指向了同一个内存位置

（1）不可变对象

【例 5-2-1】在 Python 交互模式下输入如下内容并执行。

```
>>> a=1
>>> id (a)                          #id ( ) 函数用于获取对象的内存地址
140731664819112
>>> a=2
>>> id (a)
140731664819272
```

变量赋值 a=1 后再赋值 a=2，可发现内存地址发生了变化，这里实际是在内存中新生成了一个整型对象，原来的 1 被丢弃。所以说，这里不是改变 a 的值，而是新生成了一个 a。因此，将类似数值型数据对象称为不可变对象。

（2）可变对象

【例 5-2-2】在 Python 交互模式下输入如下内容并执行。

```
>>> list1=[1, 2, 3]                    # 定义列表 list1
>>> id (list1)                         #id ( ) 函数用于获取对象的内存地址
2503731270976
>>> list1[1]=4                         # 修改列表中的元素值
>>> id (list1)
2503731270976
>>> list1                              # 查看列表中的元素
[1, 4, 3]
```

定义列表 list1=[1, 2, 3] 后再通过 list1[1]=4 对其中索引为 1 的元素进行修改，可发现修改后列表对象在内存中的地址没有改变，只是其内部的一部分值被修改了。因此，将类似列表数据对象称为可变对象。

在 Python 中，如果传递的数据为不可变类型，那么在函数体内对形参的修改不会影响实参；如果传递的数据为可变类型，那么在函数体内对形参的修改可能会影响实参。

【例 5-2-3】在 PyCharm 集成开发环境下输入如下代码，尝试传递不可变类型参数。

```
def swapValue (c, d):                  # 定义函数
    c, d = d, c                        # 交换两个数
    print (" 在函数体中交换形参的值 :", c, d)  # 在函数体中交换形参的值
# 主程序
a = 1
b = 2
print (" 函数调用前实参的值 :", a, b)
swapValue (a, b)                       # 调用函数
print (" 函数调用后实参的值 :", a, b)
```

程序运行结果如图 5-2-1 所示。

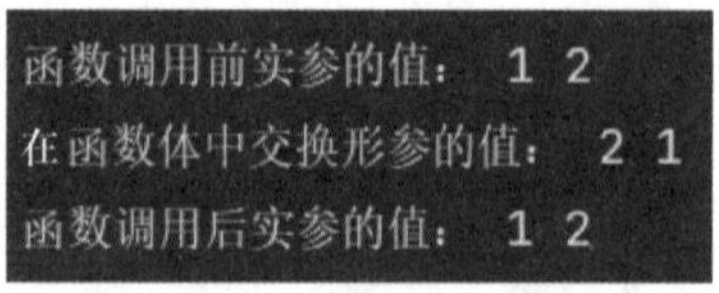

在上述代码中，可以发现函数调用前后实参的值没有发生变化，只是将实参的值传递给形参。因此，不可变类型对象传递的只是参数的值，而不是参数本身，形参的改变并不

函数调用前实参的值： 1 2
在函数体中交换形参的值： 2 1
函数调用后实参的值： 1 2

图 5-2-1　程序运行结果

会改变实参的值。

【例 5-2-4】在 PyCharm 集成开发环境下输入如下代码，尝试传递可变类型参数。

```
def func1 (bList):                          # 定义函数
    bList.append (4)
    print (" 函数体中形参列表添加元素后的值 :", bList)
# 主程序
aList = [1, 2, 3]
print (" 函数调用前实参的值 :", aList)
func1 (aList)                               # 调用函数
print (" 函数调用后实参的值 :", aList)
```

程序运行结果如图 5-2-2 所示。

```
函数调用前实参的值：[1, 2, 3]
函数体中形参列表添加元素后的值：[1, 2, 3, 4]
函数调用后实参的值：[1, 2, 3, 4]
```

图 5-2-2　程序运行结果

在上述代码中，可以发现函数调用前后实参的值发生了变化。因此，对于可变类型对象，形参的变化会引起实参的变化。

2. 函数参数的类型

在 Python 中，函数参数的类型有多种，可分为位置参数、关键字参数、默认参数和不定长参数，见表 5-2-2。

表 5-2-2　函数参数的类型

参数的类型	描述
位置参数	在调用时，传递的实参必须与函数定义的形参一一对应
关键字参数	在调用时，采用"形参名 = 实参值"方式，无须考虑函数定义中参数的位置顺序
默认参数	在函数定义时，为参数设置默认值，当调用函数没有为参数传值时，自动选用默认值
不定长参数	在调用函数时，有的参数个数是不固定的，因此，在定义函数时，可引入不定长参数 传递任意数量参数值的参数格式：函数名 ([形参 , 形参 , …,]* 参数) 传递任意数量键值对的参数格式：函数名 ([形参 , 形参 , …,]** 参数)

（1）位置参数

位置参数也称为必备参数，是较常用的一种参数。函数调用时，实参需以正确的顺序传给形参，且实参和形参的数量相等。

【例 5-2-5】在 PyCharm 集成开发环境下输入如下代码，了解位置参数的作用。

```
def swapValue (c, d):                                    # 定义函数
    c, d = d, c                                          # 交换两个数
    print (" 在函数体中输出交换后形参的值 :", c, d)      # 在函数体中输出交换后形参的值
# 主程序
a = 1
b = 2
print (" 函数调用前实参的值 :", a, b)
swapValue (a)                                            # 调用函数
print (" 函数调用后实参的值 :", a, b)
```

程序运行结果如图 5-2-3 所示。

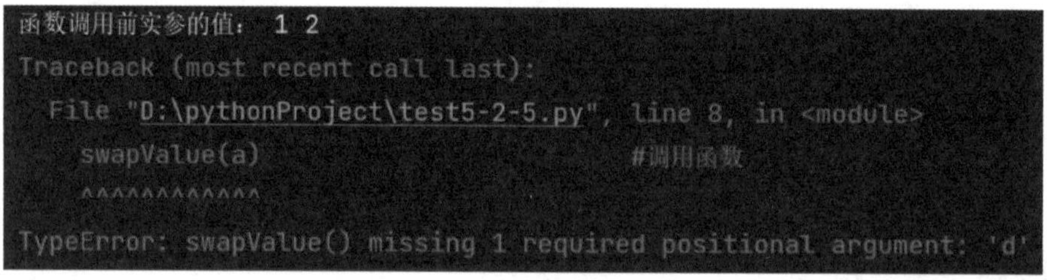

图 5-2-3　程序运行结果

实例中定义 swapValue ( ) 函数时设置了两个形参，调用函数时只提供了一个实参，实参与形参的个数不匹配，因此，程序出现错误。

（2）关键字参数

关键字参数是一种特殊的参数传递方式。其特点在于侧重于通过指定参数名来传递实参，在调用函数时，可依据需要传入 0 个或多个带有明确参数名的参数。这些参数在函数内部自动被组装成一个字典，在函数调用时，使用"形参名 = 实参值"这种形式，实参的顺序与形参的顺序可以不一致，并不影响传递的结果，因而编程人员无须识记参数顺序。

【例 5-2-6】在 PyCharm 集成开发环境下找出 100 以内能被 13 整除的数，了解关键字参数的作用。

```
def zhengChu (n, m):                              # 定义整除函数
    if n %m == 0:                                 # 判断是否被整除
        print (f"{n} 可以被 {m} 整除 ", end=" ") # 通过格式化字符串 f 输出
# 主程序
for i in range (1, 101):                          # 第一次调用，采用位置参数
    zhengChu (i, 13)
print ( )
for i in range (1, 101):                          # 第二次调用，采用关键字参数，顺序一致
    zhengChu (n = i, m = 13)
print ( )
for i in range (1, 101):                          # 第三次调用，采用关键字参数，顺序不一致
    zhengChu (m = 13, n = i)
```

程序运行结果如图 5-2-4 所示。

```
13可以被13整除 26可以被13整除 39可以被13整除 52可以被13整除 65可以被13整除 78可以被13整除 91可以被13整除
13可以被13整除 26可以被13整除 39可以被13整除 52可以被13整除 65可以被13整除 78可以被13整除 91可以被13整除
13可以被13整除 26可以被13整除 39可以被13整除 52可以被13整除 65可以被13整除 78可以被13整除 91可以被13整除
```

图 5-2-4　程序运行结果

实例中定义 zhengChu ( ) 函数时设置了两个参数，调用函数时采用了三种不同的调用方式，其输出结果相同。其中最后一种方式采用关键字参数并交换了参数的顺序，程序仍然能正确地传递参数，这为编写程序带来了方便。

试一试

若上述程序代码中调用函数的参数不使用 m 和 n，而使用 a 和 b，在程序运行过程中会出现什么现象?

（3）默认参数

在定义函数时，可以给参数赋一个默认值。函数调用时，如果没有给这个参数传递值，将使用默认值。

【例 5-2-7】在 PyCharm 集成开发环境下，若【例 5-1-2】中字典为空，程序就会报错，在此可以通过默认参数方式来规避此问题。

```
def avg (data={" 语文 ": 0, " 数学 ": 0, " 英语 ": 0}):
    return round (sum (data.values ( ))/len (data), 2)    #返回平均值，保留两位小数
# 主程序
d1 = {" 语文 ": 80, " 数学 ": 70, " 英语 ": 90}              # 定义字典并赋值
print (" 指定实参 :", avg (d1))                            # 调用自定义函数 avg ( )，指定实参
print (" 未指定实参 :", avg ( ))                           # 调用自定义函数 avg ( )，未指定实参
```

程序运行结果如图 5-2-5 所示。

```
指定实参： 80.0
未指定实参： 0.0
```

图 5-2-5　程序运行结果

小提示

默认参数必须出现在函数参数列表的最右端，也就是说，在 Python 中定义函数时，不允许一个默认参数的右端有非默认参数存在。

（4）不定长参数

当函数中的参数个数无法确定时，在 Python 中还可以定义可变长度的参数（或称为不定长参数）。所谓不定长参数，是指传递的参数个数是变化的，可以是 0 个，也可以是多个。不定长参数在函数定义时主要有两种形式：函数名（[形参 , 形参 ,…,]* 形参 ）和函数名（[形参 , 形参 ,…,]** 形参 ）。

【例 5-2-8】在 PyCharm 集成开发环境下输入以下代码并运行程序，了解不定长参数"* 参数"的作用。

```
def func (a, *b):              #第一个参数为位置参数，第二个参数为不定长参数
    print (f"a={a}, b={b}")
# 主程序
func (1)                       #第一次调用，只给出位置参数
func (1, 2, 3, 4, "abc")       #第二次调用，给出位置参数并为不定长参数传递 4 个数据
```

程序运行结果如图 5-2-6 所示。

```
a=1,b=()
a=1,b=(2, 3, 4, 'abc')
```

图 5-2-6　程序运行结果

实例中 func ( ) 函数的形参为 a 和 *b，表示函数调用时可以传递多个实参。第一次调用时，只将 1 传递给形参 a，形参 b 为空，即空元组；第二次调用时，将 1 传递给形参 a，将 2，3，4，"abc" 这 4 个数据传给 b，并以元组的形式存放。

小提示

使用 * 参数的不定长参数时，参数在传递过程中被封装成元组。

【例 5-2-9】在 PyCharm 集成开发环境下输入以下代码并运行程序，了解不定长参数"** 参数"的作用。

```
def func (a, **b):                    # 第一个参数为位置参数，第二个参数为不定长参数
    print (f"a={a}, b={b}")
# 主程序
func (1)                              # 第一次调用，只给出位置参数
func (1, x = 2, y = "abc")            # 第二次调用，给出位置参数，并传递两个
                                      # 关键字参数，参数名任意
```

程序运行结果如图 5-2-7 所示。

本例中 func ( ) 函数的形参为 a 和 **b，表示函数调用时可以传递多个实参。在第一次调用时，只将 1 传递给形参 a，形参 b 为空，即空字典；在第二次调用时，将 1 传递给形参 a，而将另两个参数以类似关键字参数形式传递给 b，并以字典的形式存放。

```
a=1,b={}
a=1,b={'x': 2, 'y': 'abc'}
```

图 5-2-7　程序运行结果

小提示

使用 ** 参数的不定长参数时，参数在传递过程中被封装成字典。

二、序列解包

序列解包是指一次给多个变量赋多个值。在调用包含多个参数的函数时，可以使用列表、元组、字典、集合及其他可迭代对象作为实参，其形式如下：* 实参，Python 解释器将自动对其进行解包，然后传递给多个位置形参。

【例 5-2-10】在 PyCharm 集成开发环境下输入以下代码并运行程序，了解序列解包"* 实参"的作用。

```
def func (a, b, c, d):                    #定义函数
    print ("a=", a, "b=", b, "c=", c, "d=", d)
# 主程序
list1=[1, 2, "China", "Hangzhou"]
func (*list1)                             # 第一次调用，列表序列解包
dict1={" 语文 ": 60, " 数学 ": 70, " 英语 ": 80, " 思政 ": 90}
func (*dict1)              # 第二次调用，字典序列解包，解包时默认传递的是字典的键
func (*dict1.values ())    # 第三次调用，字典序列解包，解包时传递的是字典的键值
```

程序运行结果如图 5-2-8 所示。

实例中 func () 函数的形参为 a、b、c 和 d，第一次调用时传递列表，函数执行时，列表中的 4 个元素会被自动赋给函数中的 4 个参数。第二次调用时传递的是字典，解包时默认传递的是字典的键。第三次调用时明确是调用字典的键值，所以解包时传递的是字典的键值。

```
a= 1 b= 2 c= China d= Hangzhou
a= 语文 b= 数学 c= 英语 d= 思政
a= 60 b= 70 c= 80 d= 90
```

图 5-2-8　程序运行结果

试一试

在【例 5-2-10】中，如果调用函数时采用 tuple1=(1, 2, 3); func (*tuple1)，运行程序时会产生什么结果？为什么？应如何修改？

小提示

对字典进行解包时默认使用字典的键。

第三节 函数变量作用域

学习目标

1. 理解函数变量的作用域。
2. 能区分全局变量与局部变量。

在 Python 中，程序中的变量并不是在任何位置都可以访问的，能否访问取决于变量所处的位置。变量起作用的代码范围被称为变量的作用域。变量的作用域决定了哪段程序可以访问哪个特定的变量。

【例 5-3-1】在 PyCharm 集成开发环境下输入如下代码，要求计算有氧运动强度，并查看运行结果。

```
def workOut (a, b):              # 定义有氧运动强度计算函数
    if b == 1:                   # b 为运动级别
        v = (220 – a)* 0.5       # v 为心率，a 为年龄
    elif b == 2:
        v = (220 – a)* 0.6
    else:
        v = (220 – a)* 0.8
# 主程序
workOut (25, 2)                  # 调用函数
print (v)                       # 输出心率
```

程序运行结果如图 5-3-1 所示。

```
Traceback (most recent call last):
  File "D:\pythonProject\test5-3-1.py", line 10, in <module>
    print(v)
          ^
NameError: name 'v' is not defined
```

图 5-3-1　程序运行结果

从程序运行结果中可以发现，虽然在 workOut ( ) 函数的函数体中对变量 v 进行了赋值，但是在主程序运行时提示变量 v 没有被定义，这涉及变量作用域的相关知识。

一、局部变量和全局变量

Python 中的变量根据作用范围可分为两种类型：局部变量和全局变量，其作用域及访问范围见表 5-3-1。

表 5-3-1　局部变量和全局变量的作用域及访问范围

变量类型	作用域	访问范围
局部变量	局部	局部变量只能在被定义函数内访问
全局变量	全局	自定义赋值之后，可供后续的代码访问

在函数内部定义的变量只在函数内部起作用，被称为局部变量。在函数执行结束后，局部变量自动被删除，不能再使用。在函数外部定义的变量，或在函数内部使用关键字 global 声明的变量，被称为全局变量。全局变量自定义起在后续程序范围内均可访问。

【例 5-3-2】在 PyCharm 集成开发环境下输入如下代码，并查看运行结果。

```
x = 10                          # 全局变量
def fun1 (a, b):
    x = a + b                   # 局部变量
    print (" 函数调用中 :")
    print (" 函数内部 x 的值 :", x)
```

```
# 主程序
print (" 函数调用前 :")
print (" 函数外部 x 的值 :", x)
fun1 (5, 6)
print (" 函数调用后 :")
print (" 函数外部 x 的值 :", x)
```

程序运行结果如图 5-3-2 所示。

图 5-3-2　程序运行结果

上述代码中，在函数外部定义了一个全局变量 x，在函数内部定义了一个局部变量 x，两个变量尽管名字相同，但表示的是不同的变量。

小提示

在 Python 中，如果函数内只引用某个变量的值而没有为其赋新值，则该变量为（隐式的）全局变量；如果在函数内有为变量赋值的操作，则该变量被认为是（隐式的）局部变量。如果想在函数内部修改函数外部定义的变量，这时需要用到关键字 global。

想一想

【例 5-3-3】在 PyCharm 集成开发环境下输入如下代码，查看运行结果，并分析产生问题的原因。

```
x = 10
def fun1 ( ):
    print (x)
```

```
def fun2 ( ):
    print (x)
    x = 2+3
# 主程序
fun1 ( )
fun2 ( )
print (x)
```

二、关键字 global

在函数内显式地用关键字 global 进行变量声明，可以将变量声明为全局变量。

试一试

请运用关键字 global 进行变量声明，分别修改【例 5-3-1】和【例 5-3-3】程序，使程序能正常运行，并查看结果。

【例 5-3-4】在 PyCharm 集成开发环境下，要求依次输入若干学生的成绩，并统计成绩在 85 分以上的人数，以输入 -1 作为结束标记，请利用全局变量来实现。

```
n = 0                                    # 全局变量
def nums (score):
    global n                             # 全局变量
    if score >= 85:
        n += 1
# 主程序
score = float (input (" 请输入学生成绩 :"))
while score != -1:
    nums (score)                         # 调用函数
    score = float (input (" 请输入学生成绩 :"))
print (f" 超过 85 分的学生共有 {n} 位 ")
```

程序运行结果如图 5-3-3 所示。

请输入学生成绩：*86*
请输入学生成绩：*76*
请输入学生成绩：*89*
请输入学生成绩：*-1*
超过85分的学生共有2位

图 5-3-3　程序运行结果

想一想

如果采用全局变量，但不使用关键字 global，可以在函数内部修改全局变量的值吗?

小提示

在 Python 中，函数也可以实现递归，即在定义一个函数的过程中又直接或间接地调用函数本身，这被称为函数的递归调用。

【**例 5-3-5**】在 PyCharm 集成开发环境下，利用函数的递归求 n!。

```
def func (n):                          # 定义阶乘函数
    print (n, end = " ")               # 输出当前要求的 n 值
    if n == 1:                         # 如果 n=1，则为 1
        jc = 1
        print ( )                      # 在计算最后一个数后换行
        return jc                      # 返回阶乘值
    else:
        jc = n * func (n – 1)          # 进行递归调用
        return jc                      # 返回阶乘值
# 主程序
print ("4!=", func (4))                # 求 4 的阶乘并调用阶乘函数
```

程序运行结果如图 5-3-4 所示。

图 5-3-4　程序运行结果

练一练

　　编写函数，统计一个字符串中字母和数字出现的次数（提示：判断字母出现次数的函数为 isalpha（），判断数字出现次数的函数为 isdigit（））。

实训九 **设计加密与解密数据程序**

　　学习了如何定义函数和调用函数后，接下来围绕设计加密与解密数据程序来巩固对函数的应用。

一、实训要求

　　设计加密与解密数据程序，功能为输入明文或密文，根据已知的字码表和使用者输入的偏移量，利用加密或解密算法，来确定密文和明文，设已知的字码表为 "qwertyuiopasdfgh-jklzxcvbnm1234567890-=_+[ ]{ }\|;':\", ./QWERTYUIOPASDFGHJKLZXCVBNM!@#$%^&*( )"。

二、实训分析

　　本实训主要运用自定义函数方式来剔除重复部分，精简程序代码。用户输入明文（m）或密文（c）和加密与解密算法中的密钥偏移量（key）以及字码表（code）和字码表长度（codeLen），通过自定义函数 encryption（）和 decryption（）的调用，逐个地遍历输入的明文或密文，并根据字码表（code）和密钥偏移量（key）进行转换，得出相应的密文或明文。

1. 程序流程图

根据加密与解密算法，设计实训图 9-1 所示程序流程图。

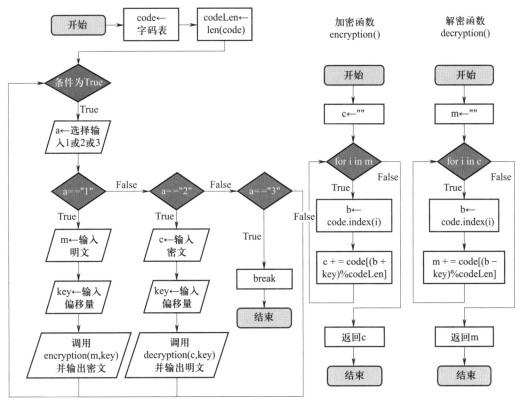

实训图 9-1　程序流程图

2. 关键说明

（1）程序始终保持循环状态，除非输入退出程序的相关指令，如输入"3"。

（2）将字码表（code）和字码表长度（codeLen）变量定义为全局变量，以方便加密和解密两个函数内部使用。由于全局变量 code 和 codeLen 在函数内部未涉及修改问题，所以无须在函数内部使用关键字 global 进行声明。

（3）字码表中的字符应包含键盘上所有的字符。

（4）通过遍历明文或密文中的字符所在字码表中的位置（b），再加上（或减去）一定的密钥偏移量（key），来确定密文或明文的字符位置，并获取该字符。将位置（b）对字码表长度（codeLen）求余，以确保位置（b）始终在字码表的范围内。

三、实训实现

1. 新建 Python 文件

在 PyCharm 集成开发环境下单击"New"→"Python File"命令，新建名为"Exp09.py"的 Python 文件。

2. 编写 Python 代码

在 PyCharm 工作窗口的代码区域中输入如下代码，并在理解下列代码意义的基础上，在横线上将代码补充完整。

```
# 设置全局变量：字码表（code）和字码表长度（codeLen）
code = "qwertyuiopasdfghjklzxcvbnm1234567890-=_+[ ]{ }\|; ': \", ./QWERTYUIOPASD
FGHJKLZXCVBNM!@#$%^&* ( )"
codeLen = _____              # 求字码表长度
# 加密函数
def encryption (m, key):            # 定义加密函数
    c = ""
    for i in m:                     # 遍历字符串
        b = code.index (i)          # 返回明文字符在已知字码表中的索引
        c += code[ (b + key)%codeLen]  # 进行位置偏移，并连接密文字符
    return c                        # 返回密文
# 解密函数
def _____:               # 定义解密函数
    m = ""
    for i in c:                     # 遍历字符串
        b = _____              # 返回密文字符在已知字码表中的索引
        m += code[ (b – key)%codeLen]  # 进行位置偏移，并连接明文字符
    _____                  # 返回明文
# 主程序
while True:                         # 符合条件，进行无限次循环
```

```
a = input (" 加密 (1)、解密 (2)、退出 (3) 请选择 :")
if a == "1":                              # 加密过程
    m = input (" 请输入明文 :")
    key = int (input (" 请输入一个密钥偏移量 :"))
    print (" 密文为 :", encryption (m, key))    # 调用加密函数
elif_____:                           # 解密过程
    c = input (" 请输入密文 :")
    key = int (input (" 请输入一个密钥偏移量 :"))
    print (" 明文为 :", _____)          # 调用解密函数
elif a == "3":                            # 退出循环
    break
```

3. 运行程序，查看结果

单击"运行"按钮运行程序，查看程序运行结果，如实训图 9-2 所示。

实训图 9-2　程序运行结果

4. 解析代码

（1）"b = code.index (i)"用来在字码表（code）中查找明文或密文字符的索引。

（2）"c += code[(b + key)%codeLen]"是一种设定的加密算法，将字符所在的索引与密钥偏移量相加，再对字码表长度求余，会得到新的字符。如明文字符"q"在字码表（code）

中的索引为 0，输入的密钥偏移量（key）为 2，字码表长度（codeLen）为 89，则表达式"(0+2)%codeLen"的值为 2，即通过 code[2] 获得密文字符为"e"。

（3）"m += code[(b − key)%codeLen] "是一种设定的解密算法，将字符所在的索引与密钥偏移量相减，再对字码表长度求余，会得到新的字符。此过程正好与加密算法相反。

（4）"while True："用于让程序一直循环运行，直到输入"3"退出循环，并结束程序。

想一想

在本实训中涉及了多个变量，请说出全局变量与局部变量分别有哪些，同时请思考一下在解密时需要知道哪两个值才能得到确定的明文。

第四节　数学函数

学习目标

1. 了解数学函数的含义。
2. 了解 abs ( )、max ( )、min ( )、sqrt ( )、pow ( )、round ( ) 等函数的使用方法。

在前面的章节中已经学习并掌握了自定义函数的定义和用法，通过一些实训也了解到 Python 中提供的一些常用的函数，如求和 sum ( ) 函数、求字符串长度 len ( ) 函数等。Python 中常用的函数包括数学函数、字符串函数、列表函数等。

顾名思义，数学函数就是进行数学计算的函数。Python 中常用的数学函数见表 5-4-1。

表 5-4-1　Python 中常用的数学函数

函数名	功能描述	示例	运行结果
abs (x)	返回数 x 的绝对值	abs (−2.5)	2.5
max (x)	返回序列 x 或给定参数的最大值	max (1, 4, 2, 9, 5)	9

续表

函数名	功能描述	示例	运行结果
min (x)	返回序列 x 或给定参数的最小值	min (1, 4, 2, 9, 5)	1
sqrt (x)	返回数 x 的平方根 , 需导入 math 模块	math.sqrt (4)	2.0
pow (x, y)	返回 x^y 的值	pow (2, 4)	16
sum (x)	返回序列 x 的和	sum ([2, 4, 5, 6])	17
round (x[, n])	返回数 x,并按四舍五入保留 n 位小数	round (3.1415, 2)	3.14

小提示

　　若要查看更多的数学函数，可以通过 import math 导入 math 模块和 dir（math）列举函数。

【例 5-4-1】在 PyCharm 集成开发环境下，根据班级学生的成绩，统计出成绩最高分、最低分、平均分以及成绩在 60 分以下的人数和成绩在 60 ~ 100 分的不同分数段的人数。

```
scores = [68, 56, 80, 90, 57, 86, 79, 83, 100, 99, 65, 75]    #已知各学生的成绩
grade = [0, 0, 0, 0, 0, 0]                         #将统计分数段设置为列表，赋初
                                                   值为 0
gradename =["60 分以下 ", "60~69 分 ", "70~79 分 ", "80~89 分 ", "90~99 分 ", "100 分 "]
for i in scores:                                   #遍历每个成绩
    if i < 60:
        grade[0] += 1                              #统计成绩在 60 分以下的人数
    elif 60 <= i < 70:
        grade[1] += 1                              #统计成绩在 60 ~ 69 分的人数
    elif 70 <= i < 80:
        grade[2] += 1                              #统计成绩在 70 ~ 79 分的人数
    elif 80 <= i < 90:
        grade[3] += 1                              #统计成绩在 80 ~ 89 分的人数
```

```
    elif 90 <= i < 100:
        grade[4] += 1                                   # 统计成绩在 90 ~ 99 分的人数
    else:
        grade[5] += 1                                   # 统计成绩为 100 分的人数
print (" 最高分 :", max (scores))                       # 输出最高分
print (" 最低分 :", min (scores))                       # 输出最低分
print (" 平均分 :", round (sum (scores)/ len (scores), 2))  # 输出平均分
for i in range (0, len (grade)):                        # 输出各分段的人数
    print (f"{gradename[i]} 的人数 : {grade[i]}")
```

程序运行结果如图 5-4-1 所示。

```
最高分： 100
最低分： 56
平均分： 78.17
60分以下的人数：2
60~69分的人数：2
70~79分的人数：2
80~89分的人数：3
90~99分的人数：2
100分的人数：1
```

图 5-4-1　程序运行结果

想一想

【例 5-4-1】实现了一门课程的各分数段人数的统计，若要实现多门课程的统计，程序应如何改进？

第五节　字符串函数

1. 了解字符串函数的含义。
2. 了解 len ( )、count ( )、find ( )、join ( )、split ( )、strip ( )、replace ( )、upper ( )、lower ( ) 等函数的使用方法。

　　字符串函数是与字符串相关的一些函数，可实现字符串的分解、合并、统计等操作。Python 中常用的字符串函数见表 5-5-1。

表 5-5-1　Python 中常用的字符串函数

函数名	功能描述	示例	运行结果
max (str)	根据字符 ASCII 码值，返回字符串 str 中 ASCII 码值最大的字母	max (str)	'y'
min (str)	根据字符 ASCII 码值，返回字符串 str 中 ASCII 码值最小的字母	min (str)	'P'
len (str)	返回字符串 str 的长度	len (str)	6
str.count (x)	统计字符串 str 中字符 x 出现的次数	str.count ("t")	1
str.find (x)	查找字符串 x 在字符串 str 中首次出现的位置，若字符串 x 不存在，则返回 –1	str.find ("t")	2
str.replace (x, y)	在字符串 str 中将字符串 x 替换成 y	str.replace ("t", "T")	'PyThon'
str.upper ( )	将字符串 str 中的小写字母转换成大写字母	str.upper ( )	'PYTHON'
str.lower ( )	将字符串 str 中的大写字母转换成小写字母	str.lower ( )	'python'

续表

函数名	功能描述	示例	运行结果
"x".join (str)	将序列中的元素以指定的字符 x 连接生成一个新的字符串	".".join (str)	'P.y.t.h.o.n'
str.split (x)	指定分隔符 (x) 对字符串进行切片	str.split ("t")	['Py', 'hon']
str.strip (x)	删除字符串首尾的指定字符 x，默认为空格或换行符	str.strip ("P")	'ython'

注：表中 str="Python"。

【例 5-5-1】在 PyCharm 集成开发环境下一次输入多个成绩，并统计出最高分、最低分和平均分。

```
list1 = list (map (int, input (" 请输入一组数学成绩 ( 用逗号分隔成绩 ):").split (", ")))
print (" 最高分 :", max (list1))
print (" 最低分 :", min (list1))
print (" 平均分 :", round (sum (list1)/ len (list1), 2))
```

程序运行结果如图 5-5-1 所示。

```
请输入一组数学成绩（用逗号分隔成绩）：75,65,56,89
最高分： 89
最低分： 56
平均分： 71.25
```

图 5-5-1　程序运行结果

小提示

map ( ) 函数会根据提供的函数对指定的序列进行映射。map ( ) 函数的语法格式为 map (function，iterable，…)，第一个参数 function 是一个函数名，第二个参数 iterable 可以是序列、支持迭代的容器或迭代器。当调用 map ( ) 函数时，iterable 中的每个元素都会调用 function 函数，将返回的结果保存到一个迭代器对象中。map ( ) 函数的返回值是 map 类型的可迭代对象，如果希望将可迭代对象转换为列表，可通过 list ( ) 函数进行转换。

【例 5-5-2】在 PyCharm 集成开发环境下统计一篇短文中的单词个数及某个单词出现的次数，并替换该单词。

```
str1 = "Those that have gene have gene for good, those to come keep coming;"
print (" 原短文内容 :", str1)
s1 = "gene"
s2 = "gone"
str2 = str1
for i in " ~ !@# $%^&* ( )_+`-=[ ]\{ }|; ': \", ./<>?":
    str2=str2.replace (i, "")          #将字符串中的非字母和空格替换成空格字符
list1=str2.split ( )                   #将字符串按默认字符切片成列表
print (" 短文中单词共有 :", len (list1))
print (" 短文中 gene 单词共有 :", str1.count ("gene"))
str1 = str1.replace (s1, s2)
print (" 用 gone 替换短文中的 gene:", str1)
```

程序运行结果如图 5-5-2 所示。

```
原短文内容: Those that have gene have gene for good, those to come keep coming;
短文中单词共有: 13
短文中gene单词共有: 2
用gone替换短文中的gene: Those that have gone have gone for good, those to come keep coming;
```

图 5-5-2　程序运行结果

练一练

编译密码如下：要求输入 8 个字母（区分大小写），然后将输入的字母编译成密码，最后输出该密码。明文与密文的对应关系见表 5-5-2。

表 5-5-2　明文与密文的对应关系

明文	A	B	C	D	E	F	G	H	I	J	K	L	M	N	O	P	Q	R	S	T	U	V	W	X	Y	Z
密文	F	G	H	I	J	K	L	M	N	O	P	Q	R	S	T	U	V	W	X	Y	Z	A	B	C	D	E
明文	a	b	c	d	e	f	g	h	i	j	k	l	m	n	o	p	q	r	s	t	u	v	w	x	y	z
密文	f	g	h	i	j	k	l	m	n	o	p	q	r	s	t	u	v	w	x	y	z	a	b	c	d	e

第六节 列表函数

学习目标

1. 了解列表函数的含义。
2. 了解 append ( )、extend ( )、insert ( )、pop ( )、remove ( )、count ( )、sort ( ) 等常用的列表函数。

列表函数是与列表相关的一些函数，能实现列表元素的添加、删除、插入等相关操作，其功能类似列表中的方法。Python 中常用的列表函数见表 5-6-1。

表 5-6-1 Python 中常用的列表函数

函数名	功能描述	示例	运行结果
len (x)	返回列表的长度	len (list1)	3
max (x)	返回列表的最大元素，其值依据元素类型的比较规则确定	max (list1)	'Python'
min (x)	返回列表的最小元素，其值依据元素类型的比较规则确定	min (list1)	'C++'
sum (x)	返回列表元素之和，列表元素为数值型	sum (list1)	报错
x.append (y)	在列表 x 末尾添加新元素 y	list1.append ("C#")	['Python', 'Java', 'C++', 'C#']
x.insert (y, z)	将指定对象 z 插入到列表 x 中的指定位置 y	list1.insert (1, "C#")	['Python', 'C#', 'Java', 'C++']
x.pop (y)	移除列表 x 中指定索引 y 对应的元素，默认移除最后一个元素	list1.pop ( )	'C++'
x.remove (y)	移除指定值 y 在列表 x 中的第一个匹配元素	list1.remove ("Java")	['Python', 'C++']
x.count (y)	统计列表中指定元素 y 的个数	list1.count ("Java")	1

续表

函数名	功能描述	示例	运行结果
x.sort ( )	对列表 x 的元素进行排序，默认为升序；若使用 x.sort (reverse =True)，则为降序	list1.sort ( )	['C++', 'Java', 'Python']
x.extend (y)	将列表 y 的各元素添加到列表 x 的末尾	list1.extend (list2)	['Python', 'Java', 'C++', 'PHP']
x.index (y)	找出指定值 y 在列表 x 中第一个匹配的索引	list1.index ("Java")	1

注：表中 list1=["Python", "Java", "C++"]，list2=["PHP"]。

【**例 5-6-1**】在 PyCharm 集成开发环境下计算运动员的成绩。评分规则如下：共有 7 名评委为运动员评分，最高可评 10 分，在删除一个最高分和一个最低分后，将其他评委的评分求平均分，作为该运动员的成绩（保留两位小数）。

```
list1 = [ ]                                    # 定义存放评委评分的列表并赋初值为空
for i in range (7):
    pingfen = int (input (" 第 %d 位评委的分数 :"% (i + 1)))
    list1.append (pingfen)                     # 向列表中添加评委评分
list1.sort (reverse=True)                      # 将评委评分从高到低降序排列
list1.pop (0)                                  # 移除列表中的第一个元素
list1.pop ( )                                  # 移除列表中的最后一个元素
avg = sum (list1)/ len (list1)                 # 求平均分
print (" 该运动员的成绩 : %.2f"%avg)            # 保留两位小数
```

程序运行结果如图 5-6-1 所示。

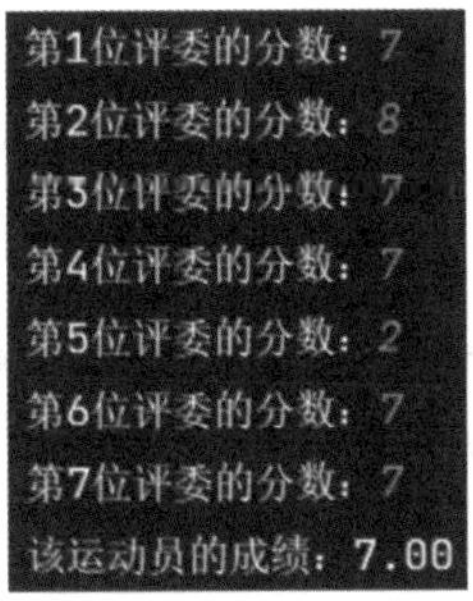

图 5-6-1 程序运行结果

执行【例 5-6-1】程序时，若评委评分不为 1 ~ 10，会产生什么结果？请分析并修正程序。

请编程实现：已知一个列表存放有若干整数，删除其中能被 3 整除的数。

实训十　设计红包模拟程序

学习了数学函数、字符串函数和列表函数等常用函数后，接下来围绕设计红包模拟程序来巩固函数的使用方法。

一、实训要求

设计红包模拟程序。已知红包产生方式有拼手气红包和普通红包共两种，首先选择一种红包产生方式，然后输入红包总金额和红包个数，根据红包产生方式生成各个红包。拼手气红包的产生方式如下：随机产生一个红包，该红包的金额为 0.01 元至红包总金额的一半；普通红包的产生方式如下：产生若干个金额相同的红包。

二、实训分析

本实训主要使用随机数模块、字符串函数和列表函数及选择结构和循环结构来实现，设定红包产生方式（flag），通过输入红包总金额和红包个数字符串（s），将 s 切片分离出红包总金额（amount）和红包个数（number）后生成相应的红包。拼手气红包（flag=1）产生规则如下：随机产生（number-1）个金额在 0.01 ~（amount/2）之间的随机数并添加到红包列表（redEnvelope）中；普通红包（flag=2）产生规则如下：平均分配红包总金额并添加到红包列表中。

1. 程序流程图

根据红包产生原则，设计实训图 10-1 所示程序流程图。

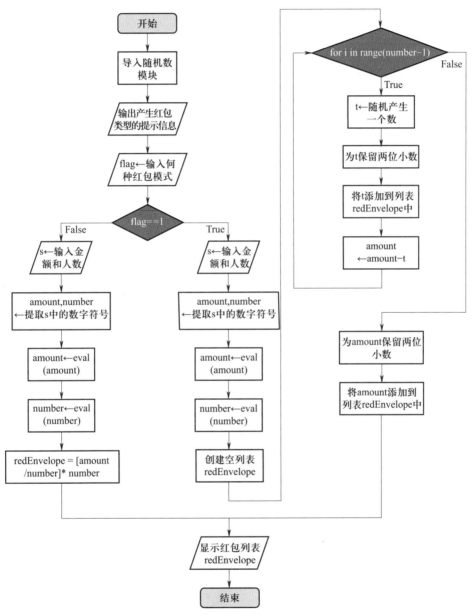

实训图 10-1　程序流程图

2. 关键说明

（1）先以字符串形式输入红包的总金额和红包个数并存入变量 s（输入变量时以逗号分隔各变量）中，然后再将 s 通过字符串切片方式分离出总金额字符串和个数字符串，最后将字符串转换为数值。

（2）拼手气红包将随机产生（number-1）个红包，并将每个红包依次添加到红包列表中，然后将余额作为最后一个红包添加到红包列表中。

（3）普通红包通过计算每个红包的平均值方法来产生红包。

（4）eval（）函数可以执行一个字符串表达式并返回相应的值，如 eval（"2+4"）的返回值为 6，返回值的类型为数值型。也可以将字符串转换为列表、元组、字典等数据类型。

三、实训实现

1. 新建 Python 文件

在 PyCharm 集成开发环境下单击 "New" → "Python File" 命令，新建名为 "Exp10.py" 的 Python 文件。

2. 编写 Python 代码

在 PyCharm 工作窗口的代码区域中输入如下代码，并在理解下列代码意义的基础上，在横线上将代码补充完整。

```
import random                              # 导入随机数模块
print ("1. 拼手气红包    2. 普通红包 ")      # 显示提示信息
flag = int (input (" 请输入 1 或 2:"))        # 选择何种红包产生模式
if _____                                # 如果为拼手气红包
    s = input (" 请输入红包的总金额和红包个数 ( 中间用逗号分隔 ):")
    amount, number = s.split (", ")          # 通过字符串切片函数分离出其中的数字
    amount = eval (amount)                  # 将字符串转换为数值型、浮点型
    number = _____                      # 将字符串转换为数值型、浮点型
    redEnvelope = [ ]                      # 为红包列表赋初值
```

```
for i in range (number-1):                      # 依次产生（number-1）个红包
    t = random.uniform (0.01, amount / 2)       # 随机产生红包值（0.01 元～红包总金额的一半）
    t = _____                               # 为红包值保留两位小数
    redEnvelope.append (t)                      # 将当前产生的红包存入红包列表中
    amount -= t                                 # 计算剩余可抢红包金额
    amount = round (amount, 2)                  # 为最后剩余金额保留两位小数
    redEnvelope.append (amount)                 # 将最后剩余金额即最后一个红包存入红包列表中
else:
    s = input (" 请输入红包的总金额和红包个数 ( 中间用逗号分隔 ):")
    amount, number = s.split (", ")             # 通过字符串切片函数分离出其中的数字
    amount = eval (amount)                      # 将字符串转换为数值型、浮点型
    number = eval (number)                      # 将字符串转换为数值型、浮点型
    # 将红包的总金额平均分给 number 个人 , 并存入红包列表中
    redEnvelope = [amount / number] * number
print (" 红包明细 :", redEnvelope)               # 输出红包情况
```

3. 运行程序，查看结果

单击"运行"按钮运行程序，查看运行结果，如实训图 10-2 所示。

```
1.拼手气红包      2.普通红包
请输入1或2：1
请输入红包的总金额和红包个数（中间用逗号分隔）：100,10
红包明细： [21.61, 23.76, 5.9, 8.69, 12.03, 6.56, 1.5, 2.27, 5.94, 11.74]
```

实训图 10-2　程序运行结果

4. 解析代码

（1）"amount, number = s.split (", ")" 使用分隔符对字符串切片。

（2）"if flag == 1" 用来确定红包产生的方式，此处表示拼手气红包。

（3）"for i in range (number-1)" 用来确定随机产生红包的个数。

想一想

在通过拼手气红包方式随机产生若干个红包时，为什么红包个数确定为（number-1）个，而不是 number 个呢？

第七节 模块与包

学习目标

1. 了解模块的概念。
2. 掌握模块的导入方法。
3. 了解包的概念。
4. 了解 Python 标准库。
5. 能安装并使用第三方库。

软件开发是一项系统工程，一般通过多人协作来完成。在开发中，可以将自己设计的函数分享给他人，也可以引入他人设计好的函数，以提高编程效率。在前面的章节中读者已经多次接触到模块的引用，如数学模块（math）、随机数模块（random）等。除了可以导入 Python 标准库中的模块外，还可以自定义模块来丰富标准库的功能。

在 Python 中，模块是一个包含 Python 定义和声明的文件，模块的扩展名通常与程序文件的扩展名相同，即".py"，例如模块"datetime.py"。模块可以包含函数、类、变量等，并且可以定义可执行的代码。模块在 Python 中扮演着重要的角色，能使得代码更加清晰，便于管理和维护。模块一般存放在安装文件夹 Lib 中，分为标准库模块和自定义模块两大类。

一、模块的导入方法

在 Python 中，模块的导入方法有如下 5 种。

1. import 模块名

【例 5-7-1】在 Python 交互模式下输入如下内容并执行。

```
>>> import math              # 导入数学模块 math
>>> math.trunc (5.8)         # 调用数学模块 math 中的取整函数 trunc ( )
5
```

2. from 模块名 import 函数名

【例 5-7-2】在 Python 交互模式下输入如下内容并执行。

```
>>> from random import uniform    # 导入随机数模块 random 中的 uniform ( ) 函数
>>> uniform (1, 10)               # 调用 uniform ( ) 函数，随机产生 1 ~ 10 的浮点数
3.4287676714668116
```

想一想

【例 5-7-1】和【例 5-7-2】这两种导入方法有什么不同？若在【例 5-7-1】中引用函数时省略模块名会产生什么结果？

3. from 模块名 import *

【例 5-7-3】在 Python 交互模式下输入如下内容并执行。

```
>>> from math import ceil         # 导入数学模块 math 中的 ceil ( ) 函数
>>> ceil (6.8)                    # 调用 ceil ( ) 函数，取大于 6.8 的最小整数
7
>>> sqrt (2)                      # 调用 sqrt ( ) 函数，运行该函数，报错
Traceback (most recent call last):
  File "<stdin>", line 1, in <module>
NameError: name 'sqrt' is not defined
>>> from math import *            # 导入数学模块 math 中的所有函数，不建议使用，容易混淆
>>> sqrt (2)                      # 调用 sqrt ( ) 函数
1.4142135623730951
```

除了上述三种导入方法外，还有"import 模块名 as 别名"和"from 模块名 import 功能名 as 别名"，读者可自行尝试。

二、Python 标准库

Python 提供了庞大的标准库，标准库内置了大量的模块，而模块中内置了大量的函数和类。常用标准库模块见表 5-7-1。

表 5-7-1　常用标准库模块

模块名称	含义	功能描述
datetime	日期和时间	用于调用系统日期和时间
math	数学	用于各类数学运算
random	随机数	用于生成随机数
os	操作系统相关接口	用于处理文件和目录等
sys	系统特写参数和功能	用于处理与 Python 解释器相关的操作
time	时间访问和转换	用于处理与时间相关的操作
turtle	绘制图像	用于绘制图像等相关操作
re	正则表达式	用于处理正则表达式

1. datetime

日期和时间模块 datetime 包括日期和时间的相关功能，表 5-7-2 所示为其部分常用方法。

表 5-7-2　datetime 的部分常用方法

方法	功能描述
now ( )	获取当前日期和时间
today ( )	获取当前日期
date (t)	生成日期对象

续表

方法	功能描述
time (t)	生成时间对象
ctime ( )	获取"星期，月，日，时，分，秒，年"格式的字符串
utcnow ( )	获取当前的 UTC（世界标准时间）
timedelta ( )	表示两个日期或时间之间的差异

注：t 为 datetime 实例参数。

【例 5-7-4】在 PyCharm 集成开发环境下输入如下代码，要求输入出生日期，计算其实际年龄，并查看运行结果。

```
import datetime                        # 导入日期和时间模块
birthDate = input (" 请输入出生日期 ( 格式为 YYYY-MM-DD):")
currentDate = datetime.date.today ( )        # 获取当天的日期
#将输入的出生日期字符串用 "-" 切片 , 分离出年、月、日并存放到三个变量中
birthYear, birthMonth, birthDay = map (int, birthDate.split ("-"))
#将年、月、日转换为日期格式
birthDate = datetime.date (birthYear, birthMonth, birthDay)
#计算年龄 : ( 当前日期 - 出生日期 ) 除以 ( 以年为单位的天数如 365) 取整
age = (currentDate - birthDate)// datetime.timedelta (days = 365)
print (" 当前年龄为 :", age)
```

程序运行结果如图 5-7-1 所示。

图 5-7-1　程序运行结果

小提示

本例中没有考虑因闰年造成的偏差，可使用下列语句对实际年龄进行修正。请尝试实现。
```
if datetime.date（birthYear+age, birthMonth, birthDay）>currentDate：
    age-=1
```

2. math

数学模块 math 提供了很多数学函数，表 5-7-3 所示为 math 的部分常用函数。

表 5-7-3　math 的部分常用函数

函数	功能描述
trunc (x)	取 x 的整数部分（直接舍去小数部分），如 trunc (5.6) 的值为 5
ceil (x)	取大于或等于 x 的最小整数，如 ceil (5.6) 的值为 6
fsum (x)	求列表（元组、字典等）元素的和，如 fsum ([1, 2, 3]) 的值为 6.0
fabs (x)	取 x 的绝对值，如 fabs (-2) 的值为 2.0
sqrt (x)	求 x 的平方根，如 sqrt (4) 的值为 2.0
factorial (x)	取 x 的阶乘，如 factorial (3) 的值为 6
floor (x)	取不大于 x 的最大整数，如 floor (5.6) 的值为 5
gcd (x, y)	取 x 和 y 的最大公约数，如 gcd (6, 3) 的值为 3
pow (x, y)	求 x 的 y 次方，如 pow (2, 5) 的值为 32.0

小提示

pi 是 Python 的数学模块内置常量，表示圆周率 π 的值，其值为 3.141592653589793。

【例 5-7-5】在 PyCharm 集成开发环境下输入如下代码，判断一个数是否为素数，并查看运行结果。

```
import math                              # 导入数学模块
prime = int (input (" 请输入一个整数 :"))   # 输入一个整数
flag = True                              # 预设 flag=True 为素数，否则不是素数
i = int (math.sqrt (prime))              # 获取 prime 的平方根，并转换为整数
for j in range (2, i + 1):               # 通过遍历进行判断
    if prime %j == 0:                    # 若 prime 能被 j 整除，则设置 flag 为 False
        flag = False
        break                            # 退出循环
if flag:                                 # 如果 flag 为 True
    print (prime, " 是一个素数 !")
```

```
else:                                    # 如果 flag 为 False
    print (prime, " 不是一个素数 !")
```

程序运行结果如图 5–7–2 所示。

```
请输入一个整数：69
69 不是一个素数！
```

图 5-7-2　程序运行结果

3. random

在实际应用中，常常需要使用随机数，如生成一系列随机数计算其平均值。表 5–7–4 所示为随机数模块 random 的部分常用函数。

表 5-7-4　随机数模块 random 的部分常用函数

函数	功能描述
random ( )	生成一个随机浮点数 n，0.0 ≤ n<1.0
uniform (x, y)	生成一个随机浮点数 n，x ≤ n ≤ y
randint (x, y)	生成一个随机整数 n，x ≤ n ≤ y
choice (x)	获取一个随机元素，如 random.choice ([1, 2, 3])，结果为 1、2、3 三个数中的一个，即具有随机性

【例 5–7–6】在 PyCharm 集成开发环境下输入如下代码，模拟掷骰子效果，并查看运行结果。

```
import random                            # 导入随机数模块
dice = random.randint (1, 6)             # 生成一个 1 ~ 6 的随机整数
print (" 本次的骰子点数为 :", dice)       # 输出点数
```

运行结果如图 5–7–3 所示。

```
本次的骰子点数为： 2
```

图 5-7-3　程序运行结果

其余常用模块的使用方法将在后续章节中介绍。

三、第三方库的安装

若需要引用的模块不在标准库中，可以安装第三方库。下面以安装第三方库 requests 为例进行介绍。

requests 是 Python 中的 HTTP 客户端库，它可以方便、快捷地发送 HTTP 请求并处理 HTTP 响应。requests 不是 Python 中一个预装好的库，需要手动安装，可以使用自带的 pip 命令来安装。

1. 保证计算机已连接互联网。

2. 打开"命令提示符"对话框，如图 5-7-4 所示。

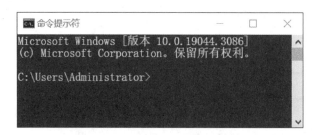

图 5-7-4 "命令提示符"对话框

3. 由于 pip 命令不是操作系统的内置命令，所以需要切换到 Python 安装程序所在的 pip 命令目录，如图 5-7-5 所示，本示例中 pip 命令所在目录为 D：\Programs\Python\Python311\Scripts。其切换的步骤如图 5-7-5 中所示。

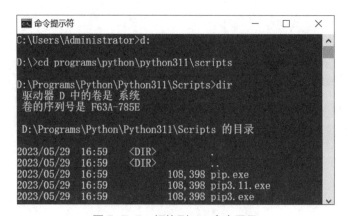

图 5-7-5 切换到 pip 命令目录

4. 使用 pip 命令安装：pip install requests，自动下载并安装 requests，如图 5-7-6 所示。

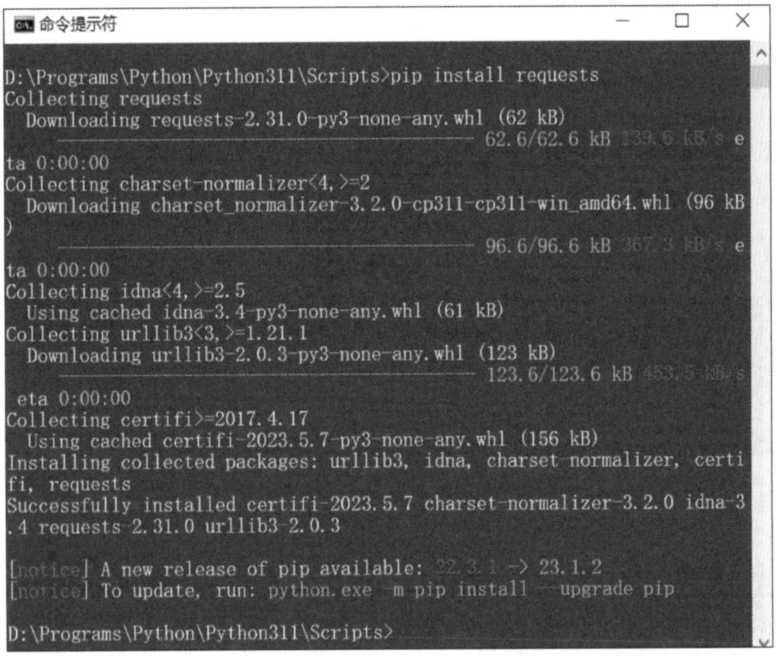

图 5-7-6　自动下载并安装 requests

安装完成后，就可以顺利导入第三方库 requests，如图 5-7-7 所示。

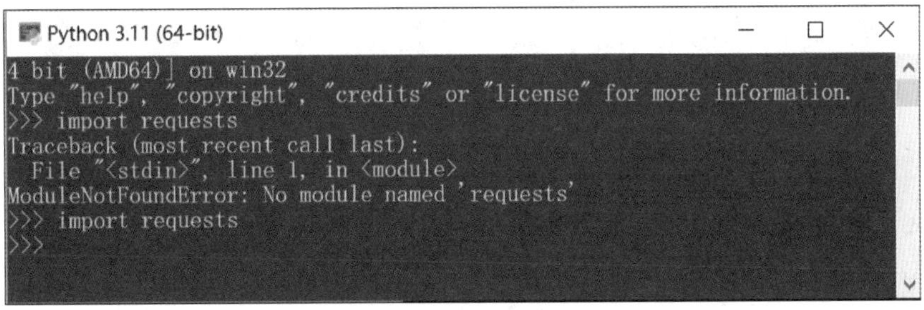

图 5-7-7　导入第三方库 requests

从图 5-7-7 中可以发现，在 Python 交互模式下，在使用 pip 命令安装第三方库 requests 前使用 import requests 语句无法导入该库，而使用 pip 命令安装第三方库 requests 后可以顺利导入该库。

若在 PyCharm 集成开发环境下导入第三方库 requests，需要在新建工程中选中第三方库，其操作步骤如下：单击 PyCharm 窗口左上角的 ▤ 按钮，在弹出的快捷菜单中选择"File（文件）"→"New Project（新建工程）"命令，弹出图 5-7-8 所示对话框，并选中"Inherit global site-packages"选项。

选中"Inherit global site-packages"选项表示创建虚拟环境将继承系统解释器内所有的安装包，确保自定义模块也能被导入。

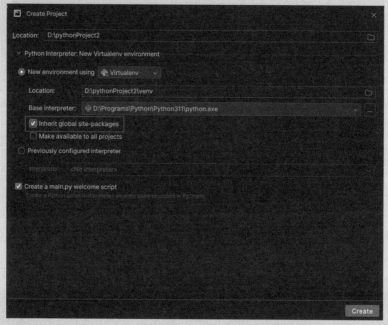

图 5-7-8　在新建工程时选中"Inherit global site-packages"选项

或者在已建工程中导入相应库，其操作步骤如下：单击 PyCharm 窗口左上角的 ▤ 按钮，在弹出的快捷菜单中选择"File（文件）"→"Settings（设置）"命令，弹出"Settings"对话框，单击左侧栏目中已建的工程名，如 Project：pythonProject3，再单击"Python Interpreter（Python 解释器）"选项，在右侧栏目中显示相关内容，如图 5-7-9 所示。

单击对话框右侧栏目中的"+"按钮，弹出"Available Packages（可用包）"对话框，如图 5-7-10 所示，在搜索文本框中输入库名，如 requests，单击"Install Package（安装包）"按钮开始安装库，安装完毕关闭对话框，在"Settings"对话框右侧栏目中显示已安装的库，如图 5-7-11 所示。

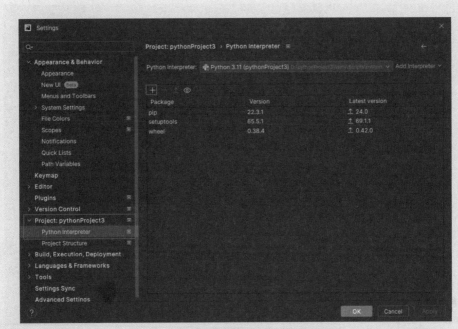

图 5-7-9 "Settings"对话框

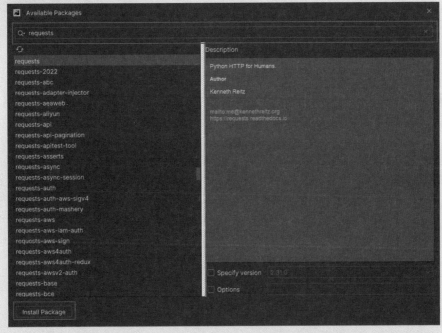

图 5-7-10 "Available Packages（可用包）"对话框

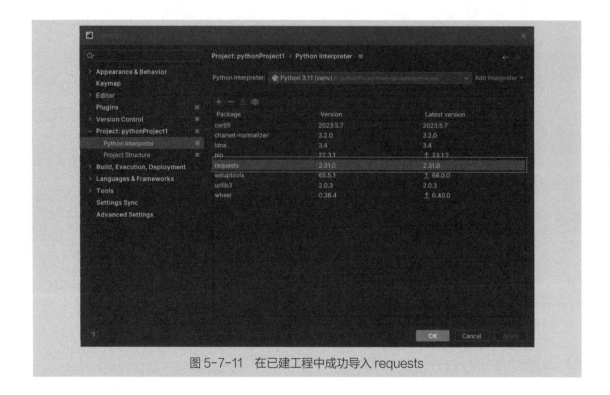

图 5-7-11　在已建工程中成功导入 requests

四、自定义模块

自定义模块是由用户创建的代码文件，可以设计个性化模块来丰富 Python 的功能。

【例 5-7-7】在 PyCharm 集成开发环境下创建两个文件，将两个文件的文件名分别命名为 test5.py 和 test5-7-7.py，分别输入如下代码，并查看运行结果。

```
# 自定义模块
#test5.py
def fun1 ( ):
    print ("Welcome to Hangzhou!")
def fun2 (name):
    print ("Welcome to Hangzhou!", name)
```

```
主程序
#test5-7-7.py
```

import test5	# 导入 test5
test5.fun1 ( )	# 调用模块中的函数
test5.fun2 ("China!")	# 调用模块中的函数

程序运行结果如图 5-7-12 所示。

```
Welcome to Hangzhou!
Welcome to Hangzhou! China!
```

图 5-7-12　程序运行结果

从示例中可以看出，自定义模块实际上就是一个文件，在主程序头部输入"import 模块名"后，即可在程序中采用"模块名 . 函数名（[参数]）"的方式调用自定义模块内的函数。

五、包

当所定义的模块文件越来越多时，应考虑建立子文件夹，将模块文件分类存放。如现有 test1.py、test2.py、test3.py、test4.py、test5.py 共 5 个模块文件，将这些模块文件统一存放到包目录（例如文件夹 package1）中，如图 5-7-13 所示。

```
∨ ☐ pythonProject  D:\pythonProject
   ∨ ☐ package1
        🐍 _init_.py
        🐍 test1.py
        🐍 test2.py
        🐍 test3.py
        🐍 test4.py
        🐍 test5.py
```

图 5-7-13　一个完整的自定义包目录 package1

要建立完整的自定义包并使用包模块文件，可按以下步骤操作。

1. 建立包目录

在项目文件夹上单击鼠标右键，在弹出的快捷菜单中选择"New（新建）"→"Python Package（Python 包）"命令，如图 5-7-14 所示，在弹出的窗口中输入包目录名（例如 package1），如图 5-7-15 所示。在创建的包目录下自动生成一个名为"_init_.py"的空文件。该文件用来说明存有该文件的目录是一个包目录，使用解释器搜索路径时，可以明显与其他目录区分开来。

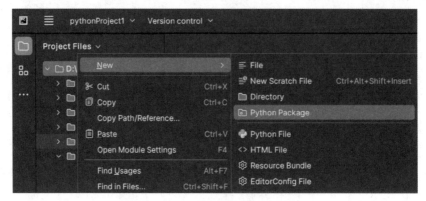

图 5-7-14　选择包目录创建命令

图 5-7-15　输入包目录名

2. 创建模块文件

在包中创建模块文件 test1.py、test2.py、test3.py、test4.py，并把【例 5-7-7】中创建的文件 test5.py 移至 package1 包中。

小提示

在【例 5-7-7】中创建了文件 test5.py，将其移至包 package1 中后，文件 test5-7-7.py 中的代码也应更改。

---

3. 导入包模块

利用 import 语句修改文件 test5-7-7.py 代码。

```
# 文件 test5-7-7.py 修改后的代码
from package1 import test5              # 导入包模块
test5.fun1 ()                           # 调用模块中的函数
test5.fun2 ("China!")                   # 调用模块中的函数
```

实训十一　设计绘制一颗五角星程序

学习了数学、随机数、日期和时间等常用模块，也了解了绘制图像等模块后，接下来围绕设计绘制一颗五角星程序来巩固绘制图像模块的相关知识。

一、实训要求

设计绘制一颗五角星程序。要求设置五角星的线条颜色为红色、粗细为 2、填充色为红色，绘制窗口大小为 400 像素 ×400 像素、背景为黑色，并使五角星处在窗口中心位置，每绘制一条线后画笔停留 1 s 再绘制下一条线。

二、实训分析

本实训主要使用绘制图像模块、时间访问和转换模块及循环结构来实现，通过导入模块 turtle 和 time，设置窗口大小和背景颜色；将画笔落点设置在坐标（−50，−50），并设置画笔的粗细和颜色以及绘制的速度；五角星由五条线构成并可连笔绘制，根据五角星五条线的方向和角度的关系，每绘制完一条线，画笔应向右旋转 144°。

1. 程序流程图

根据五角星的绘制原则，设计实训图 11−1 所示程序流程图。

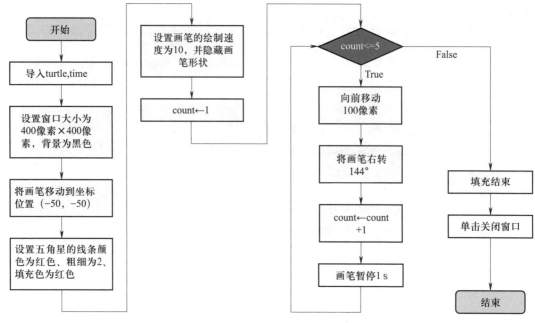

实训图 11-1 程序流程图

2. 关键说明

（1）设置海龟坐标。以窗口的中心点作为坐标原点（0，0），默认的绘制方向有前进方向（正数）和后退方向（负数）以及左转方向和右转方向（角度），如实训图 11-2 所示。

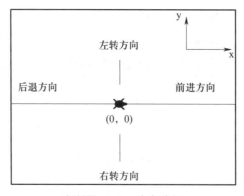

实训图 11-2 海龟坐标

（2）在绘制了五角星的一条线后画笔需向右旋转 144°，这是根据正五边形角度需要而旋转的。旋转角度计算公式为 180° － [（5-2）× 180°] /5/3=144°，分步计算如下：正五边形的

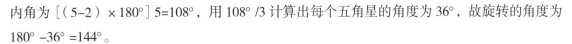

内角为 $[（5-2）×180°]$ 5=108°，用 108°/3 计算出每个五角星的角度为 36°，故旋转的角度为 180° −36° =144°。

（3）在未绘制五角星前先移动坐标点，需要使用"turtle.penup（）"将画笔抬起，需要绘制时再用"turtle.pendown（）"将画笔落下。

三、实训实现

1. 新建 Python 文件

在 PyCharm 集成开发环境下单击"New"→"Python File"命令，新建名为"Exp11.py"的 Python 文件。

2. 编写 Python 代码

在 PyCharm 工作窗口的代码区域中输入如下代码，并在理解下列代码意义的基础上，在横线上将代码补充完整。

```
import time                      # 导入模块 time
_____           # 导入模块 turtle
turtle.screensize (bg = "black") # 设置画布背景色 ( 画布大小默认为 400 像素 ×300 像素 )
turtle.setup (400, 400)          # 设置窗口大小为 400 像素 ×400 像素
# 以下代码的作用是将画笔移动到坐标位置 (–50, –50) 再落笔
turtle.penup ()                  # 抬起画笔
turtle.forward (–50)             # 后退移动 50 像素
turtle.left (90)                 # 再左转 90°
_____           # 再向前移动 50 像素
_____           # 再右转 90°
turtle.pendown ()                # 落下画笔
# 设置画笔状态
turtle.color ("red")             # 设置线条为红色、填充为红色
turtle.pensize (2)               # 设置画笔粗细
turtle.begin_fill ()             # 开始调用填充
```

```
turtle.hideturtle ( )                 # 隐藏画笔的形状
turtle.speed (10)                     # 设置绘制的速度
count = 1                             # 为绘制次数赋初值
# 开始绘制五角星
while count <= 5:                     # 共循环 5 次
                                      # 将画笔向前移动 100 像素
    turtle.right (144)                # 沿绘制方向向右旋转画笔 144°
    count = count + 1                 # 次数加 1
    time.sleep (1)                    # 绘制完一条线后画笔停留 1 s
turtle.end_fill ( )                   # 结束调用填充
turtle.exitonclick ( )                # 单击窗口任何位置以关闭窗口
```

3. 运行程序，查看结果

单击"运行"按钮运行程序，查看运行结果，如实训图 11-3 所示。

实训图 11-3　程序运行结果

4. 解析代码

（1）"turtle.screensize (bg="black")"用来设置窗口背景颜色，其中 bg="black" 表示黑色，

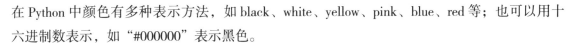

在 Python 中颜色有多种表示方法，如 black、white、yellow、pink、blue、red 等；也可以用十六进制数表示，如"#000000"表示黑色。

（2）"turtle.forward (–50)"表示画笔按原方向后退 50 像素，在此也可以使用"turtle.back-ward (50)"来实现。

（3）"turtle.speed (10)"用来设置绘制的速度，其参数的区间值为 1 ~ 10 的整数。

（4）"time.sleep (1)"用来设置画笔停留的时间，调用了模块 time 的 sleep ( ) 函数。

（5）"turtle.exitonclick ( )"表示单击并关闭窗口，也可以使用"turtle.done ( )"停止绘制，并保留绘制结果。

试一试

如果要设置绘制五角星时填充颜色为黄色，应如何修改程序？

请运行实训十设计红包模拟程序，在下面的方框中记录输入红包总金额和红包个数字符串及输出的结果，对出现的报错情况进行分析，并优化程序。

拓展练习

1. 在 Python 中定义一个函数，输出 n 以内的乘法口诀表，无返回值，其中 n ≤ 9。

2. 编写一个计算平均分程序：在演讲比赛中，有 n 名评委为参赛的选手打分，分数范围为 1 ~ 10 分。如果评委不超过 5 人，则选手最后得分为平均分；如果评委大于 5 人，则选手最后得分应在去掉一个最高分和一个最低分后求平均分。

3. 编写一个随机出题程序，要求随机产生两个 100 以内的整数，同时随机产生一个运算符（加号、减号、乘号、除号）并按计算题格式显示该题，在用户输入答案后系统判断答案是否正确，最后统计出正确率。

4. 编写一个倒计时关机程序，要求用户输入关机时间（单位：秒）后，系统提示剩余时间。当剩余时间在 3 s 以内时，提示"系统马上结束，进入关机状态！"，待时间一到，系统就会关机。

5. 编写程序以绘制一组同心圆（共有 6 个圆），要求相邻两个同心圆的距离为 15 像素，最内圈圆的半径为 40 像素，每一次绘制时的起点在该圆的最高处且按顺时针方向绘制该圆，设置从最内圈到最外圈圆的颜色分别为黑、紫、黄、蓝、绿、红。

在大量文本处理或网络爬虫等相关场合中，往往需要构造一种规则，通过这种规则筛选或处理信息。正则表达式特别适合检查、替换文本中符合特定模式的内容。在 Python 中，通过内嵌集成 re 模块，可以直接调用并实现正则匹配。

在本章中，通过"正则表达式语法与方法""正则表达式对象"和两个实训等，了解正则表达式的含义、作用和语法，学会使用正则表达式的相关方法，以便成功匹配所要的内容。

第一节　正则表达式语法与方法

学习目标

1. 掌握正则表达式的概念及作用。
2. 了解正则表达式的语法。
3. 了解正则表达式 re 模块的常用方法。

一、正则表达式的概念及作用

1. 正则表达式的概念

正则表达式又称规则表达式，是一种文本模式，由一串普通字符（例如，a ~ z 的字母）和特殊字符组成。正则表达式通常被用来检索、替换符合某文本模式的内容。

2. 正则表达式的作用

正则表达式可以用来检查一个字符串是否含有某个子串、将匹配的子串替换或从某个字符串中取出某个条件的子串等，比如电话号码、邮箱、密码复杂度等数据验证，快速查找并替换文本，从文本中提取匹配的字符串等。

二、正则表达式的语法

构造正则表达式的方法与创建数学表达式的方法类似，都是使用多种特殊符号和字符（称为元字符）与运算符，将小的表达式结合在一起创建更大的表达式。正则表达式的组件可以是单个的字符、字符集合、字符范围、字符间的选择或所有这些组件的任意组合。

正则表达式是由普通字符及元字符组成的字符模式。模式描述在搜索文本时要匹配的一个或多个字符串。正则表达式作为一个模板，将某个字符模式与所搜索的字符串进行匹配。

1. 普通字符

普通字符包括没有显式指定为元字符的所有可打印和非打印字符，包括大写和小写字母、数字、标点符号和一些特殊符号。表 6-1-1 所示为非打印字符的转义序列。

表 6-1-1　非打印字符的转义序列

字符	功能描述
\cx	匹配由 x 指明的控制字符。例如，\cM 匹配一个 Control-M 或回车符。x 的值必须为 A ~ Z 或 a ~ z 中的字母，否则将 c 视为一个原义的 "c" 字符
\f	匹配一个换页符
\n	匹配一个换行符
\r	匹配一个回车符
\s	匹配任意空白字符，包括空格、制表符、换页符等
\S	匹配任意非空白字符
\t	匹配一个制表符
\v	匹配一个垂直制表符

2. 元字符

元字符是具有特殊含义的字符，用于定义模式匹配的规则，一般由特殊符号和字符组成，正则表达式常用的元字符见表 6-1-2。

表 6-1-2　正则表达式常用的元字符

元字符	功能描述
.	匹配除换行符以外的任意单个字符
*	匹配位于 * 之前的字符或子模式，0 次或多次
+	匹配位于 + 之前的字符或子模式，1 次或多次
–	在 [ ] 之内用来表示范围
|	匹配位于 | 之前或之后的字符
^	匹配行首，匹配以 ^ 后面的字符开头的字符串
$	匹配行尾，匹配以 $ 之前的字符结束的字符串
?	匹配位于 ? 之前的 0 个或 1 个字符
\	表示位于 \ 之后的为转义字符
\d	匹配任何数字，相当于 [0-9]
\w	匹配任何字母、数字及下画线，相当于 [a-zA-Z0-9_]
( )	将位于 ( ) 内的内容作为一个整体来对待
[ ]	表示范围，匹配位于 [ ] 中的任意一个字符
[a–z]	字符范围，匹配指定范围内的任意字符
[^a–z]	反向字符范围，匹配除小写字母以外的任意字符

【例 6-1-1】在 PyCharm 集成开发环境下编写程序，实现在已知字符串中查找所有子串的位置。

```
import re                      # 导入正则表达式模块
s = " 天宫空间站是我国自主研制的第一艘空间站，于 2011 年 9 月 29 日发射升空 !"
p = "2"                        # 要匹配的正则表达式
r = re.finditer (p, s)         # 在字符串 s 中找到正则表达式 p 所匹配的所有子串，并
                               # 作为一个迭代器返回
for i in r:
    print (i)
```

程序运行结果如图 6-1-1 所示。

```
<re.Match object; span=(21, 22), match='2'>
<re.Match object; span=(28, 29), match='2'>
```

图 6-1-1　程序运行结果

finditer ( ) 方法用于在字符串中找到正则表达式所匹配的所有子串，即返回的是一个迭代器，每个迭代元素是一个 Match 对象。

Match 对象是一次匹配的结果，包含了许多匹配的相关信息，如 span 以元组形式表示匹配对象在字符串中的索引，match 表示匹配对象的内容。

【例 6-1-2】在 PyCharm 集成开发环境下编写程序，实现在已知字符串中查找所有子串并以列表返回。

```
import re                              # 导入正则表达式模块
s = " 中国的第一次原子弹爆炸发生在 1964 年 10 月 16 日下午 3 点 !"
p = r"\d+"                            # 匹配 1 个或多个数字字符
r = re.findall (p, s)    # 在字符串 s 中查找所有匹配正则表达式 p 的子串，并以列表返回
for i in r:                          # 输出列表各元素
    print (i, end = " ")
```

程序运行结果如图 6-1-2 所示。

```
1964 10 16 3
```

图 6-1-2　程序运行结果

findall ( ) 方法用于在字符串中找到正则表达式所匹配的所有子串，并以列表返回。

小提示

在 Python 中，字符串前缀 r 用于处理原始字符串，不需要转义特殊字符。原始字符串在处理正则表达式、文件路径等需要使用反斜杠 "\" 的情况下非常有用。

【例 6-1-3】在 PyCharm 集成开发环境下编写程序，实现在已知字符串中查找以 a 或 t 开头的所有单词。

```
import re                              # 导入正则表达式模块
s = "If swallows go away, they will come back again."
p = r"\s ( [at] [a-zA-Z] *) "         # 匹配空白字符后面以 a 或 t 开头的单词
r = re.findall (p, s)
for i in r:
    print (i, end = " ")
```

程序运行结果如图 6-1-3 所示。

```
away they again
```

图 6-1-3 程序运行结果

正则表达式 p = r"\s([at][a-zA-Z]*)" 中的 \s 表示匹配任何空白字符，紧跟 ( ) 表示内容被作为一个整体来对待，括号内 [at] 表示匹配 a 字符或 t 字符，[a-zA-Z] 表示匹配 a-z 或 A-Z 中的任何一个字符，最后的 * 表示匹配位于 * 之前的任意多个字符。

三、正则表达式 re 模块常用的方法

正则表达式 re 模块常用的方法有 search ( )、match ( )、findall ( )、finditer ( )、split ( )、sub ( ) 等。

1. search ( ) 方法

格式： re.search (pattern, string, flags=0)

功能： 扫描整个字符串，搜索匹配的第一个位置并返回一个 Match 对象。若匹配失败，则返回 None。

说明： pattern 是要匹配的正则表达式；string 是要匹配的字符串；flags 用于控制正则表达式的匹配方式，为可选项，其常用取值见表 6-1-3。

表 6-1-3 参数 flags 的常用取值

参数 flags	功能描述
re.I	忽略大小写
re.S	匹配所有字符，包括换行符
re.A	根据 ASCII 字符集解析字符
re.M	多行匹配

【例 6-1-4】 在 PyCharm 集成开发环境下编写程序，实现在已知字符串中搜索匹配的字符，并忽略大小写。

```
import re
s = "I was born in China and I love China!"
p = r"China"                          # 正则表达式为一个匹配的字符串
r = re.search (p, s, re.I)            # 搜索子串匹配内容，并忽略大小写
print (r)                            # 输出匹配结果信息
print (r.group ( ))                  # 输出匹配的内容
```

程序运行结果如图 6-1-4 所示。

```
<re.Match object; span=(14, 19), match='China'>
China
```

图 6-1-4　程序运行结果

由运行结果中的 span（14，19）可知，匹配对象为字符串 s 中第一次出现的 "China"。Match 对象的 group ( ) 方法用来输出匹配的内容。

2. match ( ) 方法

格式： re.match (pattern, string, flags=0)

功能： 从字符串的起始位置匹配正则表达式，并返回匹配对象。如果在起始位置没有匹配成功，则返回 None。

说明： pattern 是要匹配的正则表达式；string 是要匹配的字符串；flags 用于控制正则表达式的匹配方式，为可选项。

【例 6-1-5】在 PyCharm 集成开发环境下编写程序，实现在已知字符串中从起始位置查找以 "C" 或 "T" 开头的字符串。

```
import re
s = "The People's Republic of China was founded on October 1, 1949!"
p1 = r"C\w*"                          # 正则表达式为以 C 开头的字符串
r1 = re.match (p1, s, re.A)           # 从字符串的起始位置开始匹配
print (r1)                           # 输出匹配结果
p2 = r"T\w*"                          # 正则表达式为以 T 开头的字符串
r2 = re.match (p2, s, re.A)           # 从字符串的起始位置开始匹配
```

```
print (r2)                          # 输出匹配结果
print (r2.group ( ))                # 输出匹配的返回值的内容
```

程序运行结果如图 6-1-5 所示。

```
None
<re.Match object; span=(0, 3), match='The'>
The
```

图 6-1-5　程序运行结果

从上述代码中可以发现 match ( ) 方法的匹配起始位置是从字符串的第一个字符开始的，若匹配成功，则返回相应的 Match 对象，否则输出 None。

3. findall ( ) 方法

格式： re.findall (pattern, string, flags=0)

功能： 在字符串中找到正则表达式所匹配的所有子串，并返回一个列表。如果没有找到匹配的子串，则返回空列表。

说明： pattern 是要匹配的正则表达式；string 是要匹配的字符串；flags 用于控制正则表达式的匹配方式，为可选项。

【例 6-1-6】在 PyCharm 集成开发环境下编写程序，实现在已知字符串中查找所有单词。

```
import re
s = "Python 由荷兰数学和计算机科学研究学会的 Guido van Rossum 创造。"
p = r"\w*\w"                        # 匹配以字母、数字、下画线为起始和结束的多个字符
r = re.findall (p, s, re.A)
print (r)
```

程序运行结果如图 6-1-6 所示。

```
['Python', 'Guido', 'van', 'Rossum']
```

图 6-1-6　程序运行结果

4. finditer ( ) 方法

格式： re.finditer (pattern, string, flags=0)

功能： 与 findall ( ) 方法类似，在字符串中找到正则表达式所匹配的所有子串，并将其作为一个迭代器返回。每个迭代器元素是一个 Match 对象，因此，可以通过循环的方式来匹配相关操作。

说明： pattern 是要匹配的正则表达式；string 是要匹配的字符串；flags 用于控制正则表达式的匹配方式，为可选项。

【例 6-1-7】 在 PyCharm 集成开发环境下编写程序，实现在已知字符串中查找所有非汉字的字符。

```
import re
s = "Python 的第一版发布于 1991 年，它是 ABC 语言的后继者，也是一种使用传统中缀
表达式的 LISP 方言。"
p = r"\w*\w"                    # 匹配以字母、数字、下画线为起始和结束的多个字符
r = re.finditer (p, s, re.A)
print (r)                       # 输出的是一个迭代器相关信息
if (r != None):                 # 返回的迭代器不为空
    for i in r:                 # 输出每个匹配对象的内容
        print (i.group ( ) , end = " ")
```

程序运行结果如图 6-1-7 所示。

```
<callable_iterator object at 0x000002A7F921A950>
Python 1991 ABC LISP
```

图 6-1-7　程序运行结果

5. split ( ) 方法

格式： re.split (pattern, string, maxsplit=0, flags=0)

功能： 将一个字符串按照正则表达式的要求分割，分割后返回列表。

说明： pattern 是要匹配的正则表达式；string 是要匹配的字符串；maxsplit 是最大的分割次数，默认为 0，不限制次数，可以约定将一个字符串分割为几个子串，将超过最大分割次数的部分作为一个整体，成为最后一个元素；flags 用于控制正则表达式的匹配方式，为可选项。

【例 6-1-8】 在 PyCharm 集成开发环境下编写程序，实现在已知字符串中以 A 开头、C 结束进行一次分割。

```
import re
s = "Python 是一种跨平台的计算机程序设计语言，是 ABC 语言的替代品，属于面向对象
的动态类型语言。"
p = r"A.*C"                    # 以 A 开头、C 结束，中间的字符数不受限制
r = re.split (p, s, maxsplit=1)    # 分割 1 次
print (r)
```

程序运行结果如图 6-1-8 所示。

```
['Python是一种跨平台的计算机程序设计语言，是'，'语言的替代品，属于面向对象的动态类型语言。']
```

图 6-1-8　程序运行结果

6. sub ( ) 方法

格式： re.sub (pattern, repl, string, count=0, flags=0)

功能： 在一个字符串中替换所有匹配正则表达式的子串，并返回替换后的字符串。

说明： pattern 是要匹配的正则表达式；repl 是替换的字符串；string 是要匹配的字符串；count 是指替换的最大次数，默认值为 0，即根据实际匹配数进行替换；flags 用于控制正则表达式的匹配方式，为可选项。

【例 6-1-9】在 PyCharm 集成开发环境下编写程序，实现在已知字符串中将 Shanghai 替换成 Beijing。

```
import re
s = "Let's go to Shanghai together during the summer.Spend a few days in Shanghai."
p = r"Shanghai"
r = re.sub (p, "Beijing", s)
print (r)
```

程序运行结果如图 6-1-9 所示。

```
Let's go to Beijing together during the summer. Spend a few days in Beijing.
```

图 6-1-9　程序运行结果

编写程序实现如下功能：输入三个字符串 a，b，c，要求在 a 中将子串 b 替换成子串 c，并且最多实现两次替换。

实训十二　设计简易爬虫程序

学习了正则表达式的含义、作用、语法以及方法后，接下来围绕设计简易爬虫程序来练习正则表达式的使用方法。

一、实训要求

设计简易爬虫程序，根据提供的网址，对相应网站的信息进行爬取，并获取匹配指定正则表达式的内容，最终输出网页的标题信息。

二、实训分析

本实训主要运用 re 正则表达式和第三方库 requests 来爬取网页的信息。向百度网站请求数据（req）并获取编码方式，从 HTML 源代码（s）中匹配获取 <title></title> 之间的内容并输出。

1. 程序流程图

根据正则表达式，设计实训图 12-1 所示程序流程图。

2. 关键说明

（1）第三方库 requests 通过 get（）方法发送 HTTP GET 请求并获取响应数据，返回一个 response 对象。response 对象有 4 个常用的方法：status_code（HTTP 请求的返回状态，200 表示连接成功，404 表示失败）、encoding（从 HTTP header 中猜测的响应内容编码方式）、apparent_encoding（从内容中分析出响应内容编码方式）和 text（HTTP 响应内容的字符串形式，即 URL 对应的页面内容）。

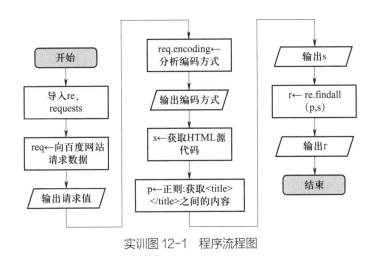

实训图 12-1 程序流程图

（2）获取网页标题，其标题存放在 <title></title> 之间。

三、实训实现

1. 新建 Python 文件

在 PyCharm 集成开发环境下单击"New"→"Python File"命令，新建名为"Exp12.py"的 Python 文件。

2. 编写 Python 代码

在 PyCharm 工作窗口的代码区域中输入如下代码，并在理解下列代码意义的基础上，在横线上将代码补充完整。

```
_____                        # 导入 requests
import re
req = requests.get ("http: //www.baidu.com")   # 向服务器请求数据，服务器返回
                                        # 的结果是一个 response 对象
print ("requests.get ( ) 返回值 : ", req)
req.encoding = req.apparent_encoding         # 分析响应内容的编码方式
print ("r.encoding 的返回值 : ", req.encoding)
```

```
s = req.text                        # 获取网页的 HTML 代码，以字符串形式存储
p = r"_____"            # 正则表达式：获取 <title></title> 之间的内容
print (s)
r = re.findall (_____)
print (r)
```

3. 运行程序，查看结果

单击"运行"按钮运行程序，查看运行结果，如实训图 12-2 所示。

```
requests.get()返回值：<Response [200]>
r.encoding的返回值：utf-8
<!DOCTYPE html>
<!--STATUS OK--><html> <head><meta http-equiv=content-type content=text/html;

['<title>百度一下，你就知道</title>']
```

实训图 12-2　程序运行结果

实训图 12-2 中第 1 行为输出请求值，其值为 200，表示与网络连接成功；第 2 行返回编码方式，其值为 utf-8，表示网页编码为 utf-8；第 3 ~ 4 行是 HTML 网页的源代码；第 5 行表示通过正则表达式从源代码中匹配获取的内容，<title></title> 之间的内容为"百度一下，你就知道"，即实训中所要爬取的结果。

4. 解析代码

（1）"req = requests.get（"http：//www.baidu.com"）"用来获取百度网站的响应结果。

（2）若"print（"requests.get（）返回值："，req）"输出结果中的状态码值为 200，则表示连接成功。

（3）"s = req.text"用于将对应网页的源码赋给 s 变量。

第二节　正则表达式对象

学习目标

1. 掌握正则表达式的子模式。
2. 掌握正则表达式对象。
3. 能运用 match ( )、compile ( )、split ( ) 等解决实际问题。

若需要重复使用一个正则表达式，可使用 re 模块中的 compile ( ) 方法将正则表达式编译生成正则表达式对象，然后通过正则表达式对象进行字符串处理。

一、compile ( ) 方法

格式： re.compile (patten, flags=0)

功能： 编译正则表达式，生成一个正则表达式对象。

说明： patten 是要匹配的正则表达式，flags 用于控制正则表达式的匹配方式，其返回值是一个正则表达式对象。

【例 6-2-1】在 PyCharm 集成开发环境下编写程序，实现在已知字符串中找出匹配的字符串。

```
import re
s = "July 1, 1921: The Communist Party of China is founded."
p = r" [a-z] +"                          # 正则表达式，匹配一个或多个小写英文字母
obj = re.compile (p, re.I)               # 编译生成正则表达式对象，忽略大小写
r1 = obj.findall (s)                     # 查找所有的单词，返回一个列表
print (r1)
r2 = obj.finditer (s)                    # 搜索所有单词，返回匹配字符串的迭代器
```

```
for i in r2:
    print (i.group ( ) , end = "  ")
```

程序运行结果如图 6-2-1 所示。

```
['July', 'The', 'Communist', 'Party', 'of', 'China', 'is', 'founded']
July The Communist Party of China is founded
```

图 6-2-1　程序运行结果

从上述代码中可以发现，将正则表达式编译生成正则表达式对象，并调用 findall ( ) 和 finditer ( ) 方法进行字符串处理，与本章第一节中的实现方法有所不同，但功能相同。正则表达式对象还有如 search ( )、match ( )、split ( )、sub ( ) 等方法，其功能与第一节中所述相同。

二、子模式与 Match 对象

1. 子模式

在正则表达式中，可以使用括号"( )"将模式中的子串括起来，以形成一个子模式。将子模式视为一个整体时，它就相当于单个字符，括号中的内容被作为一个整体处理。

子模式通过使用括号为整个匹配模式分组，默认情况下，每个分组会自动拥有一个组号，其规则如下：从左到右，以分组的左括号为标志，第一个出现的分组为组号 1，第二个出现的分组为组号 2，其余以此类推。其中分组 0 表示对应整个正则表达式。

【例 6-2-2】在 PyCharm 集成开发环境下编写程序，实现在已知字符串中查找 system 和 was 之间的内容。

```
import re
s = "The Beidou navigation system in China was officially put into use in 2018."
p = r"system (.*) was"              # 正则表达式
obj = re.compile (p, re.I)          # 编译生成正则表达式对象
r = obj.findall (s)                 # 查找 system 和 was 之间的内容
print (r)
```

程序运行结果如图 6-2-2 所示。

```
[' in China ']
```

图 6-2-2 程序运行结果

2. Match 对象

在正则表达式中，当 search ( ) 和 match ( ) 方法匹配时，返回的是一个 Match 对象。如【例 6-1-4】输出的结果中显示如下：

<re.Match object; span= (14, 19) , match='China'>

该返回结果是一个 Match 对象。Match 对象主要包括 span 和 match 两项内容。其中，span 表示获取的匹配对象在字符串中所处的位置，索引从 0 开始，以元组形式呈现（起始位置 14，结束位置 19），与切片类似，匹配对象不包含结束位置；match 表示匹配对象的内容。

re 模块中提供了一些与 Match 对象相关的方法，用于获取匹配结果中的各项数据，见表 6-2-1。

表 6-2-1　Match 对象的常用方法

方法	功能描述
group (num)	获取匹配的字符串，或指定编号为 num 的分组所匹配到的字符串结果
span ( )	获取表示匹配对象位置的元组
start ( )	获取匹配对象的起始位置
end ( )	获取匹配对象的结束位置
groups ( )	获取包含所有匹配分组的元组

【例 6-2-3】在 PyCharm 集成开发环境下输入以下内容，了解 Match 对象的常用方法。

```
import re
s = "The People's Republic of China."
p = r" ( [a-z] +) ( [a-z] +) 's ( [a-z] +) "        # 正则表达式
obj = re.compile (p, re.I)                          # 编译生成正则表达式对象
r = obj.match (s)                                   # 利用 match ( ) 方法匹配字符串
```

print (r)	#输出返回的 Match 对象
print (r.group (0))	#返回匹配成功的整个子串
print (r.span (0))	#返回匹配成功的整个子串的索引
print (r.group (1))	#返回第 1 组匹配成功的子串
print (r.span (1))	#返回第 1 组匹配成功的子串的索引元组
print (r.group (3))	#返回第 3 组匹配成功的子串
print (r.span (3))	#返回第 3 组匹配成功的子串的索引元组
print (r.start (2))	#返回第 2 组匹配成功的子串的起始索引
print (r.end (2))	#返回第 2 组匹配成功的子串的结束索引
print (r.groups ( ))	#返回所有匹配分组字符串组成的元组

程序运行结果如图 6-2-3 所示。

```
<re.Match object; span=(0, 21), match="The People's Republic">
The People's Republic
(0, 21)
The
(0, 3)
Republic
(13, 21)
4
10
('The', 'People', 'Republic')
```

图 6-2-3　程序运行结果

练一练

编写程序，输入两个字符串 a 和 b，要求统计出 b 在 a 中出现的次数。

实训十三　设计验证密码复杂度程序

学习了正则表达式对象相关方法后，接下来围绕设计验证密码复杂度程序来应用正则表达式对象。

一、实训要求

设计验证密码复杂度程序，要求输入一串密码，通过正则表达式验证其是否符合密码要求。密码复杂度要求如下：密码长度至少为 8 位，包含大写字母、小写字母、数字和特殊符号。

二、实训分析

本实训主要使用正则表达式中的 compile ( ) 方法和 match ( ) 方法来实现。通过输入一个密码（password），设定密码复杂度正则表达式对象（p），利用 match ( ) 方法判断该密码是否符合密码复杂度（r）要求。

1. 程序流程图

根据密码复杂度判断原则，设计实训图 13-1 所示程序流程图。

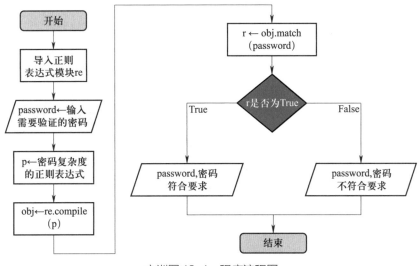

实训图 13-1　程序流程图

2. 关键说明

（1）在正则表达式 r".*（?=.{8，}）（?=.*\d）（?=.*［A-Z]）（?=.*［a-z]）（?=.*［!@#$%^&*?］).*$" 中，（?=.{8，}）表示密码至少为 8 位，（?=.*\d）表示数字，（?=.*［A-Z]）表示大写字母，（?=.*［a-z]）表示小写字母，（?=.*［!@#$%^&*?]）表示特殊符号。

（2）根据 match（）方法的返回结果判断密码是否匹配成功。若密码匹配成功，match（）方法返回一个 Match 对象，等价于 True；若密码匹配失败，match（）方法返回 None，等价于 False。

三、实训实现

1. 新建 Python 文件

在 PyCharm 集成开发环境下单击 "New" → "Python File" 命令，新建名为 "Exp13.py" 的 Python 文件。

2. 编写 Python 代码

在 PyCharm 工作窗口的代码区域中输入如下代码，并在理解下列代码意义的基础上，在横线上将代码补充完整。

```
_____                              # 导入正则表达式模块 re
password = input (" 请输入密码 ( 密码长度至少为 8 位，包含大写字母、小写字母、数字
和特殊符号 ): ")
p = r".* (?=.{8, }) (?=.*\d) (?=.* [A-Z]) (?=.* [a-z]) (?=.* [!@#$%^&*?] ) .*$ "
obj = compile (p)                         # 编译生成正则表达式对象
r = obj.match (password)                   # 利用 match ( ) 方法匹配字符串
if _____ :                          # 匹配成功
    print (password, " 密码符合要求 .")
else:                                      # 匹配不成功
    print (password , " 密码不符合要求 .")
```

3. 运行程序，查看结果

单击"运行"按钮运行程序，查看运行结果，如实训图 13-2 所示。

> 请输入密码(密码长度至少为8位，包含大写字母、小写字母、数字和特殊符号)：*ab！@AB12*
> *ab！@AB12* 密码符合要求。

实训图 13-2　程序运行结果

4. 解析代码

（1）"compile（）"表示将正则表达式编译生成正则表达式对象。

（2）"r = obj.match（password）"通过 match（）方法按照正则表达式匹配字符串，若匹配成功则返回一个 Match 对象，否则返回 None。

练一练

利用正则表达式验证输入的一个字符串是否符合手机号码格式。

实训再现

请根据实训十三设计验证密码复杂度程序原理，在下面的方框中对其进行优化，实现输入信息直到满足密码复杂度要求为止。

1. 编写一个爬虫程序，要求获取某个网页上的所有链接。

2. 编写一个电子邮箱地址格式验证程序，要求输入一个电子邮箱地址，通过正则表达式判断其是否符合电子邮箱地址格式，并输出相应的信息。

第七章　面向对象编程

面向对象编程是一种把对象作为程序的基本单元，对象中封装了数据以及操作这些数据的方法，以此为基础进行程序设计的编程思想。在面向过程的程序设计中，把程序视为一系列的命令集合；而面向对象的程序设计把程序视为一组对象的集合，每个对象都可以接收其他对象发送的消息并处理，程序的执行是一系列消息在各个对象之间传递的过程。面向对象的程序设计对方法进行封装，这样可以减少代码的重写，提高程序开发效率。在 Python 中，所有数据类型都可以视为对象，也可以自定义对象。自定义对象的数据类型就是面向对象中类的概念。

在本章中，通过"面向对象基础""类的定义与使用""数据成员与方法成员""类的继承""类的封装和多态"和两个实训等，认识面向对象编程的含义，掌握类的定义方法和实例化对象，以正确区分数据成员和方法成员，同时通过类的继承和多态丰富类的功能。

第一节　面向对象基础

学习目标

1. 了解面向对象的含义。
2. 了解面向对象的基本特征。
3. 了解面向对象的常用术语。

一、面向对象的含义

面向对象编程是一种通过对象，把现实世界映射到计算机模型的编程方法。把数据和对数据的操作方法封装在一起，作为一个相互依存的整体——对象。这里把现实世界的任何事物都当作一个相对独立的对象来看待，如人、车、船等；也可以是抽象的事件，如交通规则、学习计划等。

对同类对象抽象出共性，就形成了一种新的可以高效利用的数据类型——类。类中的大多数数据只能用本类的方法进行处理。类通过一个简单的外部接口与外界发生关系，对象与对象之间通过消息进行通信。

面向对象编程的核心是"类"，简单地说，类就是具有相同属性和行为的结合体。

以立方体（Cube）为例，可以设计一个立方体类，其中长、宽、高、颜色以及材质等为立方体类的属性（数据）；计算立方体的质量、面积、体积等为立方体类的行为（方法）。

二、面对对象的基本特征

在面向对象编程中，常见的基本特征主要包括封装、继承和多态。

1. 封装

封装是面向对象编程的核心思想，将对象的属性和行为封装起来就是类。例如，在开车时，驾驶员只需要发动汽车，掌握油门和制动，控制好转向盘即可，而无须知道汽车内部的构造原理。

采用封装的优点是保证了类内部数据结构的完整性，使用类时不能直接访问该类中的数据，避免了外部对内部数据的影响，提高了程序的可维护性。

面向对象程序设计采用封装具有以下两方面含义。

（1）将有关的数据和操作代码封装在一个类中，各个类之间相对独立，互不干扰。

（2）将类中的某些数据和操作代码对外隐蔽，即隐蔽内部细节，只留下少量接口，以便与外部联系，接收外部的消息。

2. 继承

继承主要利用了特定对象之间的共有属性，例如，轿车、越野车、商务车、公共汽车等都是汽车，只要将汽车适当地延伸，就会得到上述不同的车型。以公共汽车为例，如果把公共汽车看作汽车的延伸，那么公共汽车就复用了汽车的属性和行为，同时添加了公共汽车特有的属性和行为，如公共汽车有 50 个座位。在具体表述时，即 Bus 类派生自 Car 类，Bus 是父类 Car 的子类。

如果类之间具有继承关系，则它们具有以下特性。

（1）类之间具有共享特性。

（2）类之间具有差别或新增部分。

（3）类之间具有层次结构。

继承性是面向对象程序设计语言不同于其他语言的最重要的特点，是其他语言所没有的。继承性可以避免公用代码的重复开发，避免代码和数据冗余，而且能通过增强一致性来减少模块间的接口和界面。

3. 多态

多态是指同一个行为可以有不同的表现形式。例如，当一个类的方法被继承后，子类可以表现出与父类和其他子类不同的操作。

多态的意义在于同一操作作用于不同的对象时，可以有不同的解释，从而产生不同的执行结果，即"以父类的身份出现，以自己的方式工作"。

三、面向对象的常用术语

在面向对象编程中，经常使用以下术语。

1. 类

类（class）是用来描述具有相同的属性（数据）和行为（方法）的对象集合。它定义了该集合中所有对象共有的数据和方法，对象是类的实例。

2. 对象

对象是通过类定义的数据结构进行实例化后的变量。对象包括数据成员（类变量和实例变量）和方法。

Python 和其他编程语言相比，在尽可能不增加新的语法和语义的情况下加入了类机制。面向对象编程的特点如下。

（1）完全采用面向对象的思想，是一种高级动态编程语言。

（2）支持封装、继承、多态、重载和重写。

（3）一切内容都为对象，如字符串、列表、元组、数值等。

（4）创建类时，属性用变量表示，行为用方法表示。

3. 实例化

实例化就是创建一个类的实例，即类的具体对象。

4. 类变量

类变量在整个实例化的对象中是公用的。类变量定义在类中且在方法体之外。

5. 实例变量

实例变量是定义在方法中的变量，只作用于当前实例中。

6. 数据成员

类变量或实例变量用于处理类及其实例对象的相关数据就是数据成员。

7. 方法

类中定义的函数常称为方法。方法是类中一种特殊的函数。

8. 方法重写

如果从父类继承的方法不能满足子类的要求，可以对其进行改写，这个过程称为方法覆盖，也称为方法重写。

第二节　类的定义与使用

学习目标

1. 了解类的含义。
2. 掌握类的定义方法。
3. 掌握类实例化的方法。

在面向对象编程中，类是创建对象的基础，类描述了所创建对象共有的数据和方法。类的定义与函数的定义类似，用关键字 class 替代关键字 def。

一、类的定义

Python 中使用关键字 class 来定义类。

格式：

class 类名：

    数据成员名 = 值

    def 方法名 ( )：

        方法体

说明：

1. 类名遵循标识符命名规则，通常情况下建议类名首字母大写，有多个单词时遵循"驼峰原则"。

2. 类的成员包括数据成员和方法成员。数据成员的定义通过直接给数据成员赋值的方式进行，方法成员的定义与函数的定义方式相同。

【例 7-2-1】在 PyCharm 集成开发环境下定义立方体类 Cube，求立方体的体积和表面积。

```
#定义立方体的类
class Cube:                                    # 类名 Cube
    def __init__ (self, length, width, height):   # 构造方法 __init__ ()
        #下面三个为数据成员
        self.length = length                  # 数据变量 length
        self.width = width                    # 数据变量 width
        self.height = height                  # 数据变量 height
    #下面两个为方法成员
    def volume (self):                        # 求立方体的体积 volume ()
        return    self.length * self.width * self.height
    def area (self):                          # 求立方体的表面积 area ()
        a = self.length
        b = self.width
        c = self.height
        return    (a * b + b * c + c * a) * 2
```

```
# 主程序
c1 = Cube (1, 2, 3)                                    # 创建类 Cube 的实例对象 c1, 并传递参数
print (" 立方体的长 : {0}, 宽 : {1}, 高 : {2}".format (c1.length, c1.width, c1.height))
print (" 立方体体积 : ", c1.volume ( ))                # 调用 c1 的 volume ( ) 方法求体积
print (" 立方体表面积 : ", c1.area ( ))                # 调用 c1 的 area ( ) 方法求表面积
```

程序运行结果如图 7-2-1 所示。

```
立方体的长：1，宽：2，高：3
立方体体积： 6
立方体表面积： 22
```

图 7-2-1　程序运行结果

从【例 7-2-1】中可以看出：

（1）关键字 class 空一格后跟类名，然后再跟冒号。

（2）类函数在类或实例里又叫方法，这里的方法必须依赖类或实例而存在。在示例中包括了 __init__ ( )、volume ( ) 和 area ( ) 等方法。

（3）__init__ ( ) 方法是 Python 面向对象编程中类的一种特殊方法，也称为构造方法，当创建一个类的实例时，__init__ ( ) 方法会自动调用。它的主要作用是初始化实例的属性。一个类可以定义多个不同的 __init__ ( ) 方法。

（4）参数 self 代表类的实例，定义类的方法时必须将参数 self 放在第一个参数位置，调用时不需要为 self 传递参数，例如定义 __init__ ( ) 方法：

def __init__（self，length，width，height）

调用 __init__ ( ) 方法：

c1=Cube（1，2，3）

二、类的实例化

类的实例化即由类创建对象。当类定义完成后，并不会真正创建一个实例。这就好比画了一辆汽车的设计图，但设计图本身并不是一辆汽车，它只能用于建造真正的汽车，而且可以使用它制造出很多汽车。这个过程就是创建类的实例化过程。

格式：对象名 = 类名 ([参数 1，参数 2，…])

功能：将类实例化为对象。

说明：参数是可选项，根据类的构造方法选择是否需要参数。通过“对象名 . 数据成员”或“对象名 . 方法成员 ( )”的方式来访问对象的数据成员或方法成员。如【例 7-2-1】中类的实例化对象：c1 = Cube（1，2，3），访问数据成员：c1.length、c1.width、c1.height，访问方法成员：c1.volume ( )。

【例 7-2-2】在 PyCharm 集成开发环境下定义学生类 Student，输出学生的分数和学校。

```
#定义学生类
class Student:                          #类名 Student
    school = "Peking"                   #类成员
    def __init__ (self, name, score):   #构造方法
        self.name = name                #实例成员
        self.score = score
    def sayScore (self):                #类方法
        print ("{0} 的分数是 : {1}".format (self.name, self.score))
        print (" 学校 : ", Student.school)
#主程序
s1 = Student (" 李成 ", 89)              #类的实例化，创建对象 s1
s2 = Student (" 张北 ", 76)              #类的实例化，创建对象 s2
s3 = Student (" 王南 ", 76)              #类的实例化，创建对象 s3
s1.sayScore ()                          #调用方法成员
s2.sayScore ()                          #调用方法成员
print ("{0} 的分数是 : {1}".format (s3.name, s3.score))  #调用数据成员
print (" 学校 : ", s3.school)            #调用数据成员
```

程序运行结果如图 7-2-2 所示。

```
李成的分数是：89
学校： Peking
张北的分数是：76
学校： Peking
王南的分数是：76
学校： Peking
```

图 7-2-2 程序运行结果

设计一个教师类 Teacher，该类的数据成员包括 name（姓名）、age（年龄）、speciality（专业），类的方法为获取教师姓名的方法 get_name()，返回数据成员 name。

第三节 数据成员与方法成员

学习目标

1. 了解数据成员的类别。
2. 了解方法成员的类别。
3. 能区分类成员和实例成员。

在上节【例 7-2-2】中介绍了类的数据成员的两种表达方式，一种是在 __init__() 方法外的数据成员，还有一种是在 __init__() 方法内的数据成员。这两种数据成员是有区别的。

一、数据成员

1. 数据成员的类别

Python 中类的数据成员包括类成员（类属性）和实例成员（实例属性）。类成员是在类中所有方法之外定义的数据成员；实例成员一般是在构造方法 __init__() 中定义的，定义和使用时必须以 self 作为前缀。与构造方法相对应的方法称为析构方法 __del__()，是将产生的对象清除后由系统自动调用，一般用来释放对象所占用的资源。如果没有明确定义析构方法，系统会提供一个默认的析构方法进行必要的清理工作。

2. 数据成员的区别

在主程序（或类的外部）中，实例成员属于实例（即对象），只能通过对象名访问；而类成员属于类，既可以通过类名访问，也可以通过对象名访问。

3. 类成员的增加

与其他面向对象编程的语言不同，在 Python 中，允许动态地为类和对象增加成员，这是 Python 动态类型特点的重要体现。

在【例 7-2-2】程序段的尾部添加如下代码。

```
Student.sex = ""
s1.sex = " 男 "
print (s1.name, " 的性别 : ", s1.sex)
print (s2.name, " 的性别 : ", s2.sex)
```

程序运行结果如图 7-3-1 所示。

通过以上代码可以看到，为 Student 类动态添加类成员 sex 后，在相应的实例对象 s1 和 s2 中都可以访问到此类成员。从运行结果中可以发现，对象 s1 的成员值 sex 为"男"，而对象 s2 的成员值 sex 为空，这说明通过类外修改类成员值 s1.sex 时，只是修改了该对象的类成员值，并没有修改所有对象的类成员值，若要修改具有该属性的其他对象的类成员值，需要逐一修改。

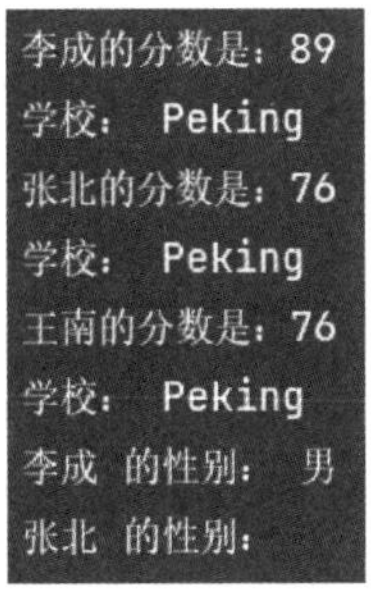

李成的分数是：89
学校： Peking
张北的分数是：76
学校： Peking
王南的分数是：76
学校： Peking
李成 的性别： 男
张北 的性别：

图 7-3-1　程序运行结果

4. 属性值的修改

如果修改类成员的值，应通过类修改，而不能通过对象修改。

【例 7-3-1】在 PyCharm 集成开发环境下定义学生类 Student，修改类成员的值。

```
# 定义学生类
class Student:                          # 类名 Student
    school = "Peking"                   # 类成员
    def __init__ (self, name, score):   # 构造方法
        self.name = name                # 实例成员
        self.score = score
    def sayScore (self):                # 类方法
        print ("{0} 的分数是 : {1}".format (self.name, self.score))
        print (" 学校 : ", Student.school)
```

```
# 主程序
s1 = Student (" 李成 ", 89)                # 类的实例化，创建对象 s1
s2 = Student (" 张北 ", 76)                # 类的实例化，创建对象 s2
s1.school = "Tsinghua"                     # 通过对象修改成员值
s1.sayScore ()
s2.sayScore ()
Student.school = "Tsinghua"                # 通过类修改成员值
s1.sayScore ()
s2.sayScore ()
```

程序运行结果如图 7-3-2 所示。

```
李成的分数是：89
学校： Peking
张北的分数是：76
学校： Peking
李成的分数是：89
学校： Tsinghua
张北的分数是：76
学校： Tsinghua
```

图 7-3-2　程序运行结果

从【例 7-3-1】的运行结果可以看出，只能通过类修改类成员的值。

二、方法成员

类中的方法成员可分为实例方法、类方法和静态方法。

1. 实例方法

实例方法是每个对象所有的、各自独立的方法。如果类中定义的方法没有特殊声明，都是实例方法。类的所有方法都应至少有一个名为 self 的参数，并且必须是方法的第一个参数。参数 self 代表将来要创建的对象本身，在外部通过“对象名 . 方法名 ( )”调用实例方法时并不需要传递这个参数；如果在外部通过“类名 . 方法名 ()”调用实例方法，则需要显式地为参数 self 传值。在类的实例方法中访问实例成员时，需以“self. 实例成员”形式访问，访问类成员时需以"类名 . 类成员"形式访问。

【例 7-3-2】在 PyCharm 集成开发环境下定义车类 Car，了解实例方法。

```
#定义车类
class Car:                              # 类名为 Car
    def __init__ (self, name, speed):    # 构造方法
        self.name = name
        self.speed = speed
    def run (self):                      # 实例方法
        print ("{0} 汽车每小时最快可以跑 {1} 公里 ".format (self.name, self.speed))
# 主程序
car1 = Car (" 红旗 ", 120)              # 类的实例化对象
car1.run ( )                            # 通过对象名调用实例方法
Car.run (car1)                          # 通过类名调用实例方法
```

程序运行结果如图 7-3-3 所示。

```
红旗汽车每小时最快可以跑120公里
红旗汽车每小时最快可以跑120公里
```

图 7-3-3　程序运行结果

小提示

在 Python 中，在类中定义实例成员方法时将第一个参数定义为 self 只是一个习惯，实际上类的成员方法中第一个参数的名字可以是任意合法的标识符。尽管如此，建议编写程序时仍以 self 作为方法的第一个参数的名字。

Python 中还有一些常用类的专有方法，见表 7-3-1。

2. 类方法

类方法是属于类的方法，不属于任何实例对象。类方法主要模拟 __init__ 构造方法在定义类的时候使用类的属性或者给类的属性赋值。类方法以 cls 作为第一个参数表示该类自身，使用方法与 self 类似。在类中定义类方法时用 @classmethod 修饰。

表 7-3-1 常用类的专有方法

专有方法	功能描述
__init__	构造方法，在生成对象时调用
__del__	析构方法，在释放对象时使用
__repr__	输出经转换后的字符串，只有当调用 repr ( ) 函数时才使用
__setitem__	按照索引赋值
__getitem__	按照索引获取值
__len__	获得长度
__cmp__	比较运算
__call__	方法调用
__add__	加运算
__sub__	减运算
__mul__	乘运算
__div__	除运算
__mod__	求余运算
__pow__	乘方运算

【例 7-3-3】在 PyCharm 集成开发环境下定义车类 Car，了解类方法的使用。

```
#定义车类
class Car:                              # 类名为 Car
    price = 50                          #类成员
    def __init__ (self, name, speed):   # 构造方法
        self.name = name                # 实例成员
        self.speed = speed              # 实例成员
    def run (self):                     # 实例方法
        print ("{0} 汽车每小时最快可以跑 {1} 公里 ".format (self.name, self.speed))
    @classmethod                        #类方法
```

```
    def carPrice (cls):
        print (" 类方法中 : price", cls.price)
# 主程序
car1 = Car (" 红旗 ", 120)              #类的实例化对象
car1.run ()                           #通过对象名调用实例方法
car1.carPrice ()                      #通过对象名调用类方法
Car.carPrice ()                       #通过类名调用类方法
```

程序运行结果如图 7-3-4 所示。

```
红旗汽车每小时最快可以跑120公里
类方法中: price 50
类方法中: price 50
```

图 7-3-4　程序运行结果

小提示

类方法和实例方法的区别如下：类方法只能访问类成员，不能访问实例成员。

3. 静态方法

与类方法相似，静态方法不属于任何实例对象，它只属于类。静态方法主要存放逻辑性的代码，是一个相对独立、单纯的方法。在类中定义静态方法时用 @staticmethod 修饰。静态方法可以没有任何参数。

同样，静态方法既可以通过"类名 . 方法名 ()"形式访问，也可以通过"对象名 . 方法名 ()"形式访问，与类方法相同，静态方法中也只能访问类成员，而不能访问实例成员。

【例 7-3-4】在 PyCharm 集成开发环境下定义车类 Car，了解静态方法的特点。

```
# 定义车类
class Car:                            # 类名为 Car
    price = 50                        # 类成员
    def __init__ (self, name, speed): # 构造方法
```

```
        self.name = name                    # 实例成员
        self.speed = speed                  # 实例成员
    def run (self):                         # 实例方法
        print ("{0} 汽车每小时最快可以跑 {1} 公里 ".format (self.name, self.speed))
    @classmethod                            # 类方法
    def carPrice (cls):
        print (" 类方法中 : price", cls.price)
    @staticmethod                           # 静态方法
    def staticPrice ( ):
        print (" 静态方法中 : price", Car.price)
# 主程序
car1 = Car (" 红旗 ", 120)                  # 类的实例化对象
car1.run ( )                                # 通过对象名调用实例方法
car1.staticPrice ( )                        # 通过对象名调用静态方法
Car.staticPrice ( )                         # 通过类名调用静态方法
```

程序运行结果如图 7-3-5 所示。

```
红旗汽车每小时最快可以跑120公里
静态方法中: price 50
静态方法中: price 50
```

图 7-3-5　程序运行结果

三、访问权限

在 Python 中，对数据成员和方法成员的访问权限有三种：公有的、受保护的和私有的。不同的访问权限通过成员名来体现，以下画线开头或结束的成员有特殊的含义。

1. 公有的

公有的类成员可以在任何地方被访问，其成员两侧不带下画线，形如 ×××。

2. 受保护的

受保护的类成员可以被其自身及其子类访问，其成员以单下画线开头，形如 _×××。

3. 私有的

私有的类成员只能被其定义所在的类访问，其成员以双下画线开头，形如 __×××。

4. 特殊成员

特殊成员的两侧各有双下画线，形如 __××××__，为系统定义的特殊成员，如构造方法 __init__ 等。

【例 7-3-5】在 PyCharm 集成开发环境下定义学生类 Student，了解不同的访问权限。

```
# 定义学生类
class Student:                              # 类名 Student
    school = "Peking"                       # 公有类成员
    def __init__ (self, name, score):       # 构造方法
        self.name = name                    # 公有实例成员
        self.__score = score                # 私有实例成员
    def sayScore (self):                    # 公有类方法
        print ("{0} 的分数是 : {1}".format (self.name, self.__score))
        print (" 学校 : ", Student.school)
# 主程序
s1 = Student (" 李成 ", 89)                  # 类的实例化对象 s1
s1.sayScore ()                              # 调用公有方法
s1.name = " 张北 "                          # 访问并修改公有数据成员的值
s1.sayScore ()
s1.__score = 98                             # 访问并修改私有数据成员的值
s1.sayScore ()
```

程序运行结果如图 7-3-6 所示。

```
李成的分数是：89
学校： Peking
张北的分数是：89
学校： Peking
张北的分数是：89
学校： Peking
```

图 7-3-6 程序运行结果

从代码中可以发现，主程序想访问并修改私有数据成员的值（s1.__score = 98），但从运行结果中可以看出，主程序并没有访问到该私有数据成员。实际上编写程序时发现输入“s1.”后并没有自动弹出相应的“__score”，这也进一步说明了私有数据成员不能被定义外的类或对象访问。

练一练

设计一个圆类 Circle，求其周长和面积。

实训十四 设计学生成绩评价系统程序

学习了类的定义和实例化对象以及数据成员与方法成员后，接下来围绕设计学生成绩评价系统程序来练习类的相关操作。

一、实训要求

设计学生成绩评价系统，输入若干学生的学号、姓名、语文成绩和数学成绩，根据成绩等级划分规则判定成绩等级，具体规则如下：90 分以上为 A，80 ~ 89 分为 B，70 ~ 79 分为 C，60 ~ 69 分为 D，60 分以下为 E，输出所有学生的成绩的评价结果。

二、实训分析

本实训采用面向对象程序设计方法完成程序设计，定义一个学生类 Student，包含学号（number）、姓名（name）、语文（chinese）和数学（math）等属性，定义方法 grade（）用于计算成绩的等级；输入一批学生的信息以学号"0"为结束标志；根据输入信息将类实例化为对象 stu，然后添加到学生列表 stuList [ ] 中，最后调用类实例方法 grade（）判定学生成绩的等级。

1. 类信息表

设计 Student 类信息，见实训表 14-1。

实训表 14-1 Student 类信息

Student 类		
	字段名	数据类型
数据成员	number	string
	name	string
	chinese	int
	math	int
方法成员	__init__（）	
	grade (g)	string

2. 程序流程图

根据学生成绩评价办法，设计实训图 14-1 所示程序流程图。

3. 关键说明

（1）定义一个学生类 Student，类中数据成员包括 number、name、chinese、math，方法成员包括 __init__（）构造方法和 grade（）方法。

（2）学生类 Student 实际上自定义了一个数据类型，因此，通过类的实例化对象 stu，将每个对象添加到学生列表 stuList [ ] 中。

（3）可以通过遍历学生列表，在遍历中调用类中的属性和方法，输出各学生的成绩等级信息。

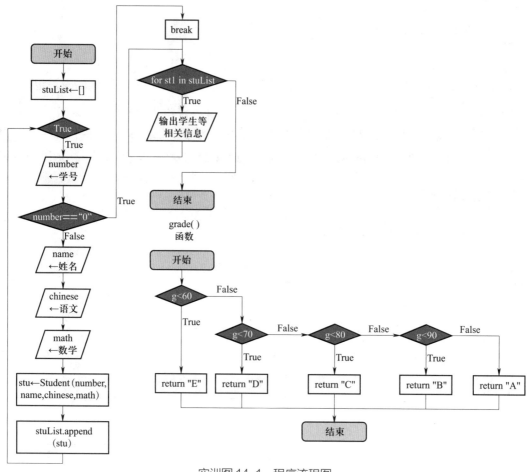

实训图 14-1　程序流程图

三、实训实现

1. 新建 Python 文件

在 PyCharm 集成开发环境下单击"New"→"Python File"命令，新建名为"Exp14.py"的 Python 文件。

2. 编写 Python 代码

在 PyCharm 工作窗口的代码区域中输入如下代码，并在理解下列代码意义的基础上，在横线上将代码补充完整。

```
# 定义学生类
class _____:                              # 类名为 Student
    def __init__ (self, number, _____, chinese, _____):
        self.number = number
        self.name = name
        self.chinese = int (chinese)
        self.math = int (math)
    def grade (self, g):                       # 定义判断等级方法
        if g < 60:
            return    "E"
        elif _____
            return    "D"
        elif g < 80:

            _____

        elif g < 90:
            return    "B"
        else:
            return    "A"
# 主程序
stuList = []
while True:
    number = input (" 学号 : ")
    if number == _____
        break
    else:
        name = input (" 姓名 : ")
        chinese = int (input (" 语文 : "))
        math = int (input (" 数学 : "))
        stu = Student (number, name, chinese, math)  # 类实例化对象
        stuList.append (__)                          # 将学生对象添加到学生列表
```

```
for st1 in stuList:
    print (f" 学号 : {st1.number}, 姓名 : {st1.name}, 语文等级 : {st1.grade(st1.chinese) },
    数学等级 : {st1.grade (st1.math) }", )
```

3. 运行程序，查看结果

单击“运行”按钮运行程序，查看运行结果，如实训图 14-2 所示。

```
学号：1
姓名：李成
语文：76
数学：89
学号：2
姓名：张北
语文：87
数学：79
学号：0
学号：1，姓名：李成，语文等级：C，数学等级：B
学号：2，姓名：张北，语文等级：B，数学等级：C
```

实训图 14-2　程序运行结果

4. 解析代码

（1）“stuList = [ ]”用来设置学生列表初始值为空。

（2）“while True：”表示循环输入学生信息，直到输入学号为“0”。

（3）“for st1 in stuList：”表示遍历学生列表信息并输出。

第四节 类的继承

学习目标

1. 了解继承的含义。
2. 掌握继承的定义格式。
3. 能调用父类方法。

面向对象程序设计的一个重要特性是可以实现代码的重用，继承机制是实现代码重用的方法之一。继承是利用现有类派生出新类，是两个类或多个类之间的父子关系，新创建的类为子类或派生类，被继承的类为父类，也称为基类。子类继承了父类的所有公有数据属性和方法，并且可以通过编写子类的代码扩充子类的功能。在创建一个新类时，如果可以继承一个已有的类进行二次开发，就能减少代码的冗余度，也能大幅减少开发工作量。

继承分为单继承和多继承，单继承是指任何子类只能有一个父类，而多继承是指子类可以有若干个父类。在 Python 中支持多继承。

一、继承关系

在程序中，继承描述的是事物之间的所属关系，一般来说，子类是基类的特殊化。如图 7-4-1 所示，父类为学生，小学生、初中生、高中生和大学生都是父类派生而来的子类。

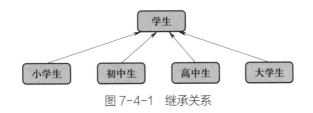

图 7-4-1　继承关系

二、继承的定义格式

继承的语法格式:

class 子类名 (父类名 1 [, 父类名 2…]):

    子类成员定义

父类写在括号内，如果子类有多个父类，则需要全部写在括号内并用逗号 "," 分隔，括号后紧跟冒号。

【**例 7-4-1**】在 PyCharm 集成开发环境下定义父类学生类 Student 和子类小学生类 PrimaryStudent，了解继承的用法。

```
# 定义父类
class Student:
    school = "Peking"
    def __init__ (self, name):
        self.__name = name
    def saySchool (self):
        print (" 姓名 : {0}".format (self.__name))
        print (" 学校 : ", Student.school)
# 定义子类
class PrimaryStudent (Student):
    pass
# 主程序
s1 = Student (" 李成 ")                    # 父类实例化对象
s1.saySchool ( )
ps1 = PrimaryStudent (" 张北 ")            # 子类实例化对象
ps1.saySchool ( )
```

程序运行结果如图 7-4-2 所示。

从运行结果中可以看出，子类 PrimaryStudent 中除 pass 外没有编写任何代码，但继承了父类 Student 中所有的非私有成员。

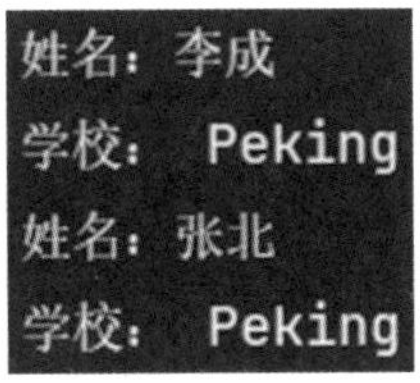

图 7-4-2　程序运行结果

三、父类方法的调用

子类除了可以继承父类成员外，还可以添加自己的一些成员。如果需要在子类中调用父类的方法，可以使用内置方法"super ( ). 方法名"或通过"父类名 . 方法名 ( )"方式来实现。

【**例 7-4-2**】在 PyCharm 集成开发环境下定义父类学生类 Student 和子类小学生类 PrimaryStudent，了解子类调用父类的方法。

```
# 定义父类
class Student:
    school = "Peking"
    def __init__ (self, name):
        self.__name = name
    def sayScore (self):
        print (" 姓名 : {0}".format (self.__name))
        print (" 学校 : ", Student.school)
# 定义子类
class PrimaryStudent (Student):
    def __init__ (self, name, score):
        Student.__init__ (self, name)            # 调用父类方法
        self.__score = score
    def sayScore (self):
        super ( ) .sayScore ( )                  # 调用父类方法
        print (" 分数 : ", self.__score)
# 主程序
s1 = Student (" 王南 ")                           # 父类实例化对象
```

```
s1.sayScore ( )
ps1 = PrimaryStudent (" 赵西 ", 78)          # 子类实例化对象
ps1.sayScore ( )
```

程序运行结果如图 7-4-3 所示。

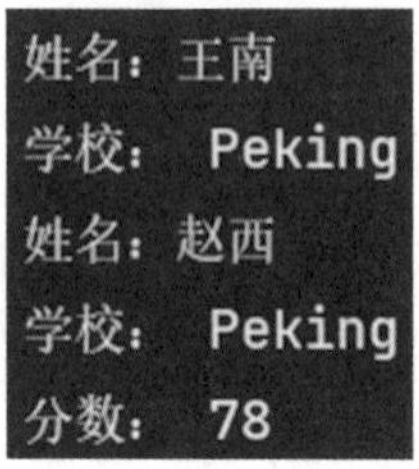

图 7-4-3　程序运行结果

小提示

【例 7-4-2】中子类有一个和父类相同名字的方法，即 sayScore ( ) 在父类 Student 和子类 PriamryStudent 中都存在，此时子类中的方法会覆盖父类中同名的方法，这个过程被称为重载。

四、多继承

在 Python 中支持多继承，如果父类中有相同的方法名，而在子类中使用时没有指定父类名，则 Python 解释器将按顺序从左向右进行搜索。

【例 7-4-3】在 PyCharm 集成开发环境下定义父类学生类 Student、人类 Person 和子类小学生类 PrimaryStudent，了解多继承的调用过程。

```
# 定义父类
class Student:
    def say (self):
        print (" 我是中国人 ")
class Person:
    def say (self):
        print (" 我是中国学生 ")
```

\# 定义子类

class PrimaryStudent (Person, Student):　　　\# 继承自两个父类

　　pass

\# 主程序

ps1 = PrimaryStudent ( )　　　　　　\# 子类实例化对象

ps1.say ( )

程序运行结果如图 7-4-4 所示。

我是中国学生

图 7-4-4　程序运行结果

从运行结果中可以看出，子类 PrimaryStudent 的两个父类 Person 和 Student 都有 say ( ) 方法，在调用时没有指定父类名，则自动调用父类列表中第一个父类 Person 的 say ( ) 方法。

练一练

编写程序实现如下功能：要求定义人类，数据成员包括姓名和年龄，方法成员为输出各个属性值；定义一个学生类，数据成员为性别，学生类继承人类。

第五节　类的封装和多态

学习目标

1. 了解类的封装的含义。

2. 了解类的多态的含义。

一、类的封装

在 Python 中，类的封装是指将类的某些部分（属性、方法）隐藏起来，称为私有属性或方法。实例化的对象不能直接使用被封装的方法和属性。封装具有一定的保护作用，可以隐藏对象的属性和方法。在 Python 中，封装的格式在本章的第三节访问权限中已提及，即私有的方法或属性，在属性和方法名称上加双下画线 "__" 前缀，完成封装。

二、类的多态

多态是面向对象编程的又一特性。所谓多态，是指不同的类中使用相同的方法名实现不同的功能。子类继承父类的成员，可以重写父类的成员方法，使其满足自己的需求，这就是多态的表现形式。在 Python 中，主要通过重写父类方法来实现多态。

【例 7-5-1】在 PyCharm 集成开发环境下定义父类学生类 Student 和子类小学生类 PrimaryStudent、子类初中生类 JuniorStudent，了解多态的用法。

```python
# 定义父类
class Student:
    def say (self):
        print (" 我是学生 ")
# 定义子类
class PrimaryStudent (Student):
    def say (self):
        print (" 我是小学生 ")
class JuniorStudent (Student):
    def say (self):
        print (" 我是初中生 ")
# 主程序
s1 = Student ()                          # 父类实例化对象
s1.say ()
ps1 = PrimaryStudent ()                  # 子类实例化对象
```

ps1.say ( )

js1 = JuniorStudent ( )　　　　　　　　　　#子类实例化对象

js1.say ( )

程序运行结果如图 7-5-1 所示。

我是学生
我是小学生
我是初中生

图 7-5-1　程序运行结果

从运行结果中可以看出，子类 PrimaryStudent、JuniorStudent 和父类 Student 中都有 say ( ) 方法，say ( ) 方法在子类中表现出不同的形态，子类调用时以子类为优先原则覆盖父类功能。

练一练

　　要求定义一个书店类 Bookstore，数据成员为 name（书店名称），方法成员为 booktype （书的类别）；定义一个新华书店类 Xhbookstore，继承书店类，重写父类 booktype 方法，输出"售卖中小学生读物"；定义一个东方书社类 Dfbookstore，继承书店类，重写父类 booktype 方法，输出"售卖中小学生杂志读物"。

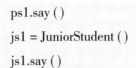

实训十五　设计学生信息管理系统程序

上面已经学习了类及类的继承和多态等相关内容，接下来围绕设计学生信息管理系统程序来练习类的使用方法。

一、实训要求

设计学生信息管理系统程序，学生信息主要包括学号、姓名、语文和数学等，管理系统功能主要包括添加学生信息、显示学生信息和删除学生信息等。

二、实训分析

本实训主要使用类及其方法来实现。定义学生类 Student，数据成员为学号（number）、姓名（name）、语文（chinese）、数学（math）；定义学生列表类 StudentList，数据成员为学生列表（stuList），方法成员为菜单信息（stuMenu）、添加学生信息（stuInsert）、显示学生信息（stuShow）、删除学生信息（stuDelete），通过主控方法（main）调用相应方法实现学生信息管理。在主程序中通过 __name__ 变量触发主控方法执行。

1. 类信息表

根据信息系统管理模块设计 Student 类信息和 StudentList 类信息，见实训表 15-1。

实训表 15-1　Student 类信息和 StudentList 类信息

成员	Student 类		StudentList 类	
	字段名	数据类型	字段名	数据类型
数据成员	number	string	stuList	list
	name	string		
	chinese	int		
	math	int		
	字段名	数据类型	字段名	数据类型
方法成员	__init__ ()		stuMenu ( )	
			stuInsert ( )	
			stuShow ( )	
			stuDelete ( )	
			main ( )	

2. 程序流程图

根据信息管理模块，设计实训图 15-1 所示程序流程图。

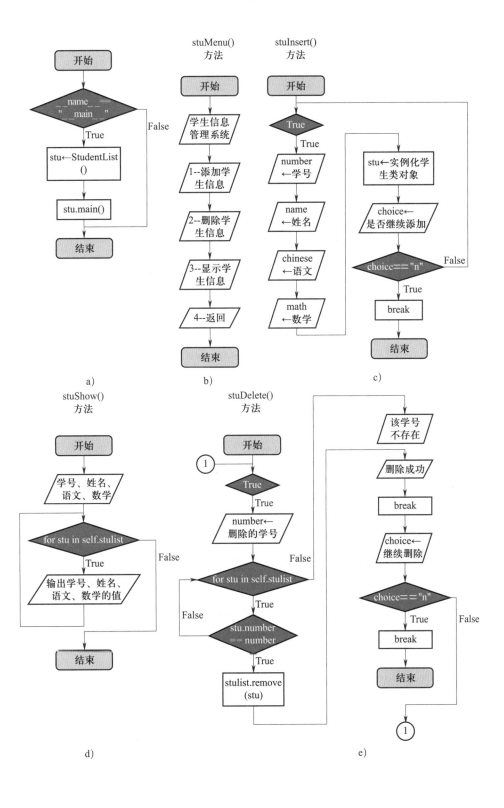

a)

b)

c)

d)

e)

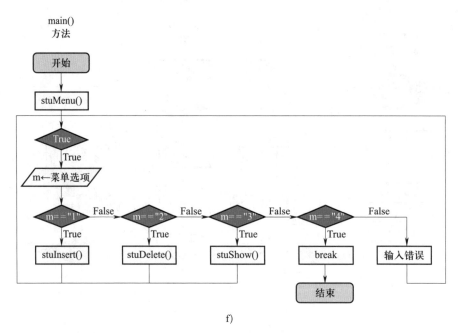

f)

实训图 15-1　程序流程图

a）主程序　b）stuMenu 方法　c）stuInsert 方法　d）stuShow 方法　e）stuDelete 方法　f）main 主控方法

3. 关键说明

（1）为了方便引用类中成员，将相应的功能都设计在类中。

（2）__name__ 是 Python 的一个内置类变量，前后加下画线表明这是一个系统定义的名字，是标识模块的系统变量。如果当前模块被直接执行（主模块），__name__ 存储的是 __main__，则会去调用 __main__ 函数或方法；如果当前模块是被调用的模块（被导入 import），__name__ 存储的是 py 文件名（模块名称），则会去调用 main 文件模块。

（3）main ( ) 函数通常是在执行 Python 文件时首先被执行的函数。具体来说，main ( ) 函数通常被用来作为程序的入口点，用于调用其他函数和执行程序的主逻辑。在 Python 中主要采用 if __name__ =="__main__" 这一语句作为 main 函数的入口点。

三、实训实现

1. 新建 Python 文件

在 PyCharm 集成开发环境下单击 "New" → "Python File" 命令，新建名为 "Exp15.py"

的 Python 文件。

2. 编写 Python 代码

在 PyCharm 工作窗口的代码区域中输入如下代码，并在理解下列代码意义的基础上，在横线上将代码补充完整。

```python
class Student:                          # 定义学生类
    def __init__ (self, number, name, chinese, math):
        self.number = number
        self.name = name
        self.chinese = int (chinese)
        self.math = int (math)
class StudentList:                      # 定义学生列表类
    def __init__ (self):
        self.stulist = []
    def stuMenu (self):                 # 菜单信息
        print (" 学生信息管理系统 ".center (14, "-"))
        print ("1-- 添加学生信息 ")
        print ("2-- 删除学生信息 ")
        print ("3-- 显示学生信息 ")
        print ("4-- 返回 ")
        print ("-"*16)
    def stuInsert (self):               # 添加学生信息
        while True:
            number = input (" 学号 : ")
            name = input (" 姓名 : ")
            chinese = input (" 语文 : ")

            _____

            stu = Student (number, name, chinese, math)
            self.stulist.append (stu)
            choice = input (" 继续添加 (Y/N) ?") .lower ()
```

```python
        if choice == "n":
            break
    def stuShow (self):                        # 显示学生信息
        print ("{: 8}\t{: 8}\t{: 8}\t{: 8}".format (" 学号 "," 姓名 "," 语文 "," 数学 "))
        for stu in self.stulist:
            print ("{: 8}\t{: 8}\t{: 8}\t{: 8}".format (stu.number, stu.name, str(stu.chinese) , str (stu.math)))
    def stuDelete (self):                      # 删除学生信息
        while_____
            number = input (" 请输入要删除的学生学号 : ")
            for stu in self.stulist:
                if stu.number == number:
                    self.stulist.remove (stu)
                    print (" 删除成功 !")
                    break
            else:                              #for…else 循环结构
                print (" 该学号不存在 !")
            choice = input (" 继续删除 (Y/N) ?") .lower ( )
            if choice == "n":
                break
    def main (self):                           # 主控方法
        self.stuMenu ( )
        while True:
            m = input (" 请输入菜单选项 : ")
            if_____
                self.stuInsert ( )
            elif m == "2":
                self.stuDelete ( )
            elif m == "3":
                self.stuShow ( )
```

```
            elif m == "4":

                _____

            else:

                print (" 输入错误 ")
    # 主程序
    if __name__ == "__main__":                  # 判断系统变量
        stu = StudentList ()
        stu.main ()
```

3. 运行程序，查看结果

单击"运行"按钮运行程序，查看运行结果，如实训图 15-2 所示。

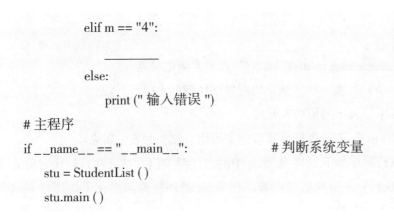

a)　　　　　　　　　b)　　　　　　　　　c)

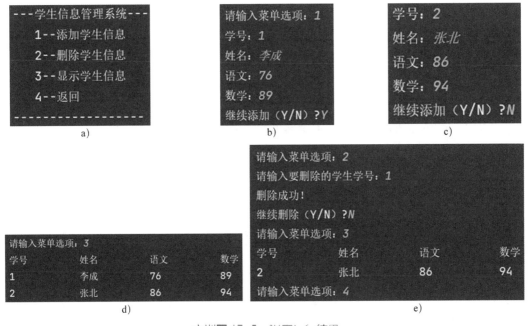

d)　　　　　　　　　　　　　　　　　e)

实训图 15-2　程序运行结果

a）管理系统菜单　b）添加学生信息　c）继续添加学生信息

d）显示学生信息　e）删除学生信息及删除后的结果

4. 解析代码

（1）"stu = Student（number, name, chinese, math）"表示实例化对象。

（2）"self.stulist.append（stu）"表示将实例化的对象添加到列表中。

（3）"for stu in self.stulist："表示遍历列表元素。

（4）"self.stulist.remove（stu）"表示将符合要求的实例化对象从列表中删除。

（5）for…else 语句的执行顺序如下：当 for 循环中的迭代对象执行结束并且迭代对象为空时，如果存在 else 语句则执行 else 语句后的内容。如果 for 循环被提前终止（如带有关键字 break），则此时的 else 语句不会被执行。

（6）center（）函数紧跟在字符串后面，表示使字符串居中，并在两侧填充足够数量的指定字符（默认为空格），使得新的字符串达到指定的宽度。

请运行实训十四设计学生成绩评价系统程序，在下面的方框中记录输入的成绩和输出的结果，当输入负数或超过满分值时，记录输出的结果并分析原因，优化程序。

1. 编写一个冒泡排序法程序，将冒泡排序法封装于类中，实现采用冒泡排序法升序排列输出。

2. 编写一个图书信息管理程序，要求显示图书管理菜单，根据图书管理菜单实现添加图书、删除图书、显示图书等功能。已知图书类信息为书号、书名、作者、出版社及价格。

文件可长久保存信息并允许重复使用和反复修改。每当需要分析或修改存储在文件中的信息时，则需要对文件进行读写操作。在 Python 中，可以读写文本文件、JSON 文件、XML 文件以及 SQLite 数据库文件等类型。在执行程序时会经常遇到程序异常，这就涉及异常处理问题。异常处理可以保证程序具有良好的健壮性和响应性，避免出现难以预料的结果。Python 中提供了异常捕获和处理功能，以防止程序崩溃。

在本章中，通过"文件的基本操作""文件与目录操作""异常处理"和三个实训等，了解文件的类型，学会文件的打开、关闭、访问和修改等基本操作，同时通过异常处理解决程序报错问题。

第一节　文件的基本操作

学习目标

1. 了解文件操作的类型。
2. 能打开与关闭文件。
3. 能读写文本文件。

文件是指一组相关数据的有序集合，文件通常存放在外部介质上，需要使用时才调入内存中。按文件中数据组织形式的不同，文件可分为文本文件和二进制文件两大类。

文本文件存储的是常规字符串，由若干文本行组成，通常每行以"\n"结尾。常规字符串是指在记事本或其他文本编辑器中能正常显示的信息，如字母、汉字、数字等字符。

二进制文件将内容以字节流（Bytes）形式存储起来，无法用记事本或其他普通字处理软件直接编辑，通常也无法被人类直接阅读和理解，如图像文件、视频文件、可执行文件、数据库文件等。

一、文件的打开与关闭

在对文件进行读写操作时，需要打开文件，文件操作完毕要关闭文件。在打开一个文件时，操作系统会为该文件分配一块内存缓冲区，并在内存中创建一个指向该缓冲区的指针，这个指针称为文件指针。文件指针通常用于记录文件读取或写入的位置，方便后续读写操作。打开文件实际上就是建立文件的文件名、存放路径等相关信息，并使文件指针指向该文件，便于进行读写操作。关闭文件则是指断开文件与文件指针的联系，释放文件所占用的内存资源。

1. 文件的打开——open（）函数

格式： open (file, mode="r", buffering=−1, encoding=None, errors=None, newline=None, closefd=True, opener=None)

功能： 以指定的模式打开指定文件。

说明：

（1）file：文件路径及文件名，可使用相对路径或绝对路径。

（2）mode：文件的打开模式，默认值为"r"，即只读模式。文件打开模式见表8-1-1。以不同模式打开文件时，文件指针的初始位置有所不同。以"只读"和"只写"模式打开时，文件指针的初始位置是文件头；以"追加"模式打开文件时，文件指针的初始位置是文件尾。

表 8-1-1 文件打开模式

模式	含义	说明
r	只读	只读模式（默认模式，可省略），如果文件不存在，则报错
w	只写	覆盖写模式，如果文件已存在，则先清空原内容；如果文件不存在，则创建文件
x	新建	以写模式创建新文件，如果文件已存在，则报错
a	追加	追加模式，不覆盖文件中的原有内容；如果文件不存在，则创建文件
b	二进制	二进制模式（与r、w、x、a模式组合使用）
t	文本	文本模式（默认模式，可省略，与r、w、x、a模式组合使用）
+	读写	更新磁盘文件（与r、w、x、a模式组合使用）

（3）buffering：指定读写文件的缓存模式。0 表示不缓冲，1 表示行缓冲，如大于 1 则表示缓冲区的大小。默认值为 –1，表示使用系统默认的缓冲区大小。

（4）encoding：指定文件的编码方式，只适用于文本模式，可以使用 Python 支持的任何格式，如 GBK、UTF–8、CP936 等。

（5）errors：指定如何处理编码和解码错误。

（6）newline：区分换行符，只适用于文本模式，取值可以是 None、""、\n、\r、\r\n。

（7）closefd：根据传入的 file 参数类型，设置文件是否在文件对象的 close（）方法中被关闭。

（8）opener：自定义打开文件方式。

mode 默认值为"rt"模式，意味着对文本文件进行读操作。目前，mode 值的常见组合方式有 rb、wb、xb、ab、rt、wt、xt、at、r+、w+、x+、a+。

> **小提示**
>
> 如果执行 open（）函数无异常，open（）函数会返回一个可迭代的文件对象，通过该文件对象可以对文件进行读写操作；如果在某些打开模式（如 r、b、t、+ 等）下指定文件不存在、访问权限不够、磁盘空间不足或其他原因导致文件打开失败，则会报错。虽然open（）函数的参数较多，但最常用的是前两个参数。

【例 8-1-1】在 Python 交互模式下输入如下内容并执行。

```
>>> file1=open ("d: /t1.txt", "w")      # 以只写模式打开,若文件不存在,则新建文件
>>> file2=open ("d: /t2.txt", "r")      # 以只读模式打开,若文件不存在,则报错
Traceback (most recent call last):
    File "<stdin>", line 1, in <module>
FileNotFoundError: [Errno 2] No such file or directory: 'd: /t2.txt'
```

> **小提示**
>
> 在 Windows 操作系统中，文件路径格式一般使用"\"来分隔，但在 Python 中，字符"\"起转义作用，因此，可以使用"/"来分隔，当然也可以使用"\\"来分隔（如 d: \\t1.txt），或者在字符串前加限制符号 r 或 R（如 r "d: \t2.txt"）。

2. 文件的关闭——close（）函数

在绝大多数情况下，打开文件和关闭文件是一对标配操作。如果不关闭打开的文件，则打开的文件对象会一直留存在内存中，若打开的文件多了，容易出现内存溢出等错误。

格式： 文件对象 .close（）

功能： 将缓冲区的内容写入文件，同时关闭文件，并释放文件对象。

说明： 文件对象是指用 open（）函数打开后返回的对象。

【例 8-1-2】在 Python 交互模式下输入如下内容并执行。

```
>>> file=open ("d: /t1.txt", "w")          # 以写模式打开文件
>>> file.close ()                          # 关闭打开的文件对象
```

二、文本文件的读写操作

建立或打开文本文件后，可以对文件进行基本的读写操作。

1. 写操作

Python 中提供了多种方法进行文本文件的写操作。

（1）write（）方法

格式： 文件对象 .write (s)

功能： 将字符串 s 写入文件中。

说明： write（）方法的返回值为写入的字符数；在写模式下打开一个已经存在的文件时，将清除原文件的内容，若要保留原文件的内容，可以采用追加模式；写入内容时，系统不会添加换行符，如需换行，可在字符串 s 中加入相应的换行符。

【例 8-1-3】使用 PyCharm 集成开发环境，在指定目录下新建文本文件 t1.txt，并在文件里写入如下内容。

红军不怕远征难，

万水千山只等闲。

```
filePath = "d: /t1.txt"                    # 定义需要建立的文件名和路径
newFile = open (filePath, "w")             # 以写模式打开文件
n = newFile.write (" 红军不怕远征难 ,\n 万水千山只等闲。") # 将字符串写入文件对象
```

newFile.close ( )	# 关闭文件
print (" 往文件里写入 %d 个字节内容 "% (n))	#输出写入文件的字节数

程序运行结果如图 8-1-1 所示。打开指定目录下的文本文件"t1.txt"，其内容如图 8-1-2 所示。

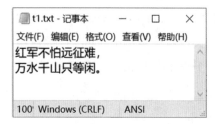

往文件里写入**17**个字节内容

图 8-1-1　程序运行结果　　　　　图 8-1-2　文本文件"t1.txt"的内容

小提示

为了查看 write ( ) 方法的返回值，因此，在【例 8-1-3】中将返回结果赋给一个变量并输出。当然，若不需要查看返回值，直接使用文件对象 .write ( ) 即可。

【**例 8-1-4**】在 PyCharm 集成开发环境下将"五岭逶迤腾细浪，乌蒙磅礴走泥丸。"添加到文本文件"t1.txt"的末尾。

filePath = "d: /t1.txt"	#定义需要建立的文件名和路径
newFile = open (filePath, "a")	# 以追加模式打开文件
newFile.write ("\n 五岭逶迤腾细浪 , \n 乌蒙磅礴走泥丸。")	# 将字符串写入文件
newFile.close ( )	# 关闭文件

文本文件"t1.txt"的内容如图 8-1-3 所示。

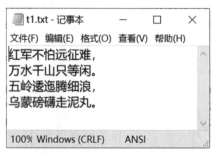

图 8-1-3　文本文件"t1.txt"的内容

在【例 8-1-4】中，write ( ) 方法的字符串首为何要添加 "\n" 字符？

（2）writeline ( ) 方法

格式： 文件对象 .writeline (slist)

功能： 将字符串列表 slist 写入文本文件中。

说明： 如果需要一次写入多个字符串，可将所有字符串放入一个列表中。该方法不会自动添加换行符，也没有返回值。

【**例 8-1-5**】在 PyCharm 集成开发环境下将"北国风光，千里冰封，万里雪飘。"写入文本文件"t2.txt"中。

```
filePath = "d: /t2.txt"                          # 定义需要建立的文件名和路径
newFile = open (filePath, "w")                   # 以写模式打开文件
nlist = [" 北国风光 , \n", " 千里冰封 , \n", " 万里雪飘。\n"]   # 将多个字符串存入列表中
newFile.writelines (nlist)                       # 将列表写入文件对象
newFile.close ( )                                # 关闭文件
```

文本文件"t2.txt"的内容如图 8-1-4 所示。

2. 读操作

Python 中提供了多种方式来读取文本文件中的内容。

（1）read ( ) 方法

格式： 文件对象 .read ([size])

功能： 从文本文件中读取内容。

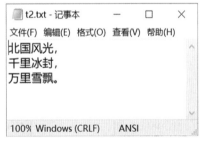

图 8-1-4　文本文件"t2.txt"的内容

说明： 从文件对象中读取 size 个字符的内容，若省略 size，则表示读取所有内容，返回值为字符串。

【**例 8-1-6**】在 PyCharm 集成开发环境下读取文本文件"t1.txt"中的内容并输出。

```
file = open ("d: /t1.txt", "r")      # 以只读模式打开文件
str1 = file.read ( )                 # 从文件中读取所有内容
print (str1)
file.close ( )                       # 关闭文件
```

程序运行结果如图 8–1–5 所示。

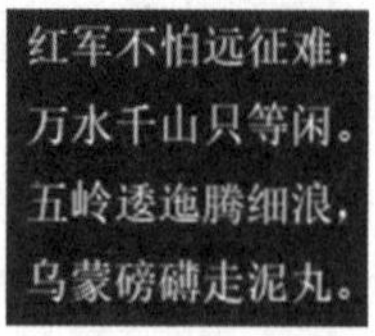
红军不怕远征难，
万水千山只等闲。
五岭逶迤腾细浪，
乌蒙磅礴走泥丸。

图 8-1-5　程序运行结果

【例 8–1–7】在 PyCharm 集成开发环境下读取文本文件“t2.txt”中的前 5 个字符并输出。

```
file = open ("d: /t2.txt", "r")          # 以只读模式打开文件
str1 = file.read (5)                     # 从文本文件中读取 5 个字符
print (str1)
file.close ()                            # 关闭文件
```

程序运行结果如图 8–1–6 所示。

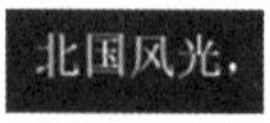
北国风光，

图 8-1-6　程序运行结果

（2）readline () 方法

格式：文件对象 .readline ()

功能：从文本文件中读取一行内容，返回值为字符串。

【例 8–1–8】在 PyCharm 集成开发环境下读取文本文件“t2.txt”中前两行的内容并输出。

```
file = open ("d: /t2.txt", "r")          # 以只读模式打开文件
str1 = file.readline ()                  # 从文本文件中读取一行内容
print (str1)
str1 = file.readline ()                  # 从文本文件中继续读取一行内容
print (str1)
file.close ()                            # 关闭文件
```

程序运行结果如图 8–1–7 所示。

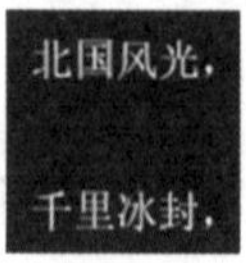
北国风光，

千里冰封，

图 8-1-7　程序运行结果

从运行结果中可以看出，每调用一次 readline () 方法，则从文本文件中读取一行，按自上而下的顺序读取。

（3）readlines () 方法

格式：文件对象 .readlines ()

功能：从文本文件中读取全部内容，返回值为字符串列表。

【例 8–1–9】在 PyCharm 集成开发环境下读取文本文件“t2.txt”中的内容并输出。

```
file = open ("d: /t2.txt", "r")          # 以只读模式打开文件
str1 = file.readlines ()                  # 从文本文件中读取所有内容
print (str1)
file.close ()                             # 关闭文件
```

程序运行结果如图 8-1-8 所示。

['北国风光. \n' , '千里冰封. \n' , '万里雪飘。\n']

图 8-1-8　程序运行结果

三、文件的常用属性和方法

1. 常用属性

文件的常用属性见表 8-1-2。

表 8-1-2　文件的常用属性

属性	含义	说明
buffer	缓冲区	返回当前文件的缓冲区
closed	关闭	返回文件是否关闭的情况，若文件已关闭，则返回 True
fileno	文件号	返回文件的文件号，一般不太关注这个数字
mode	模式	返回文件的打开模式
name	名称	返回文件的名称

2. 方法

除了打开、关闭和读写操作外，文件还有一些其他常用的内置方法，见表 8-1-3。

表 8-1-3　文件常用的内置方法

方法	功能说明
flush ( )	将缓冲区的内容写入文件，但不关闭文件
readable ( )	测试当前文件是否可读

方法	功能说明
seek (offset[, whence])	将文件指针移动到新的位置，offset 表示相对于 whence 的位置。whence 为 0，表示从文件头开始计算；whence 为 1，表示从当前位置开始计算；whence 为 2，表示从文件尾开始计算，默认为 0
seekable ()	测试当前文件是否支持随机访问，如果文件不支持随机访问，则调用方法 seek ()、tell () 和 truncate () 时会报错
tell ()	返回文件指针的当前位置
truncate ([size])	删除从当前指针位置到文件末尾的内容。如果指定了 size，则不论指针在什么位置，都只留下前 size 个字节，其余的都被删除
writeable ()	测试当前文件是否可写

【例 8-1-10】在 PyCharm 集成开发环境下读取文本文件"t1.txt"中第二行的内容并输出。

```
file = open ("d: /t1.txt", "r")        # 以只读模式打开文件
file.seek (18)                          # 移动文件指针到指定位置
str1 = file.readline ()                 # 从文本文件中读取一行内容
print (str1)
print (" 当前指针位置 : ", file.tell ())   # 输出当前文件指针位置
print (" 当前打开的文件 : ", file.name)    # 输出打开的文件名和路径
file.close ()                           # 关闭文件
```

程序运行结果如图 8-1-9 所示。

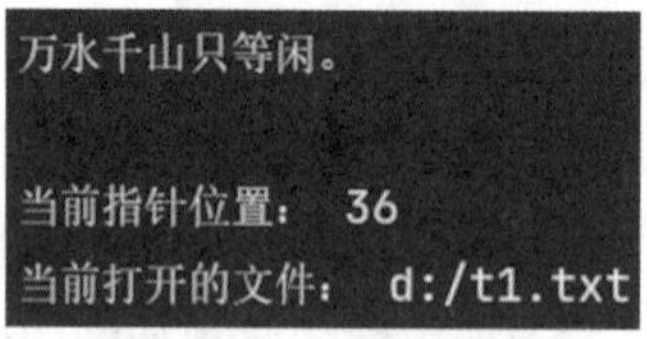

图 8-1-9　程序运行结果

想一想

在【例 8-1-10】中，为了读取文件中的第二行内容，为何要将文件指针移动到 18？为何在输出时有一行空行？

四、上下文管理语句 with

在程序中即使编写了关闭文件的代码，也无法保证文件一定能正常关闭。若在文件打开之后、关闭之前出现错误，将无法正常关闭文件。因此，在管理文件对象时推荐使用上下文管理语句 with，可以有效地避免文件非正常关闭的问题。

上下文管理语句 with 可自动管理资源，能保证文件被正确关闭，可以在代码块执行完毕自动还原进入该代码块的上下文，常用于文件操作、数据库连接、网络通信连接等场合。用于文件内容读写时，上下文管理语句 with 的格式如下。

with open (filename, mode) as 文件对象:

    通过文件对象读写文件的语句

【例 8-1-11】在 PyCharm 集成开发环境下读取文本文件"t1.txt"中的全部内容并输出。

```
with open ("d: /t1.txt", "r") as file:      # 引用上下文管理语句
    for line in file:                        # 遍历迭代对象
        print (line)                         # 输出每行内容
```

程序运行结果如图 8-1-10 所示。

图 8-1-10　程序运行结果

想一想

在【例 8-1-11】中输出结果为何会出现空行？如何通过编写代码方式来避免空行？

使用上下文管理语句 with 可以不用编写文件关闭相关代码，从而有效避免了相关错误。

上下文管理语句 with 支持一次打开两个文件，请运用此功能完成文件的备份。

实训十六 设计读写文本文件程序

学习了文件的打开与关闭及读写等相关操作后，接下来围绕设计读写文本文件程序来巩固文件的操作。

一、实训要求

设计读写文本文件程序。已知在 D 盘根目录下存放有文本文件"text1.txt"，其内容为一篇英文文章，要求统计出文章中共有多少个单词，并将统计结果存放到文本文件"text2.txt"中。

二、实训分析

本实训主要进行了文本文件的相关操作。定义两个文本文件的文件名和路径（filePath1 和 filePath2），使用上下文管理语句 with 定义文件对象（file1 和 file2），读取文本文件"text1.txt"中的内容，利用正则表达式 r"\b\w+\b" 查找全部单词并存放于列表中，利用 len（）函数统计单词的个数，并将统计结果写入"text2.txt"中。

关键说明如下。

1. 利用正则表达式 r"\b\w+\b" 可以快速查找出字符串中的全部单词。

2. 使用 findall（）函数以列表形式返回值。

三、实训实现

1. 新建 Python 文件

在 PyCharm 集成开发环境下单击"New"→"Python File"命令，新建名为"Exp16.py"

的 Python 文件。

2. 编写 Python 代码

在 PyCharm 工作窗口的代码区域中输入如下代码，并在理解下列代码意义的基础上，在横线上将代码补充完整。

＿＿＿＿＿＿＿	# 导入正则模块
filePath1 = "d: /text1.txt"	# 定义文件名和路径
with open (filePath1, "r") as file1:	# 引用上下文管理语句
data = file1.read ( )	# 读取文件内容
words = re.findall (r"\b\w+\b", data)	# 利用正则表达式获取所有单词并存于列表中
filename1 = file1.name	
filePath2 = "＿＿＿＿＿＿＿＿"	# 定义文件名和路径
with open (filePath2, "＿＿＿") as file2:	# 引用上下文管理语句
file2.write (filename1+" 文本文件中单词个数共有 "+str (len (words)) +" 个 ")	

3. 运行程序，查看结果

单击"运行"按钮运行程序，打开文本文件"text2.txt"的内容，如实训图 16-1 所示。

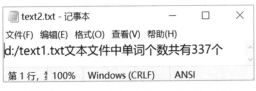

实训图 16-1　文本文件"text2.txt"的内容

4. 解析代码

（1）"with open (filePath1, "r") as file1:"表示以只读形式打开文件并实现上下文管理，退出上下文管理语句 with 时自动关闭文件。

（2）"data = file1.read ( )"用于读取文本文件中的内容并返回一个字符串。

（3）"file2.write ( )"用于将值写入文本文件。

设计访问 SQLite 数据库文件程序

Python 中除了文本文件的读写之外，还支持很多其他类型文件的读写操作，接下来介绍如何调用 sqlite3 模块访问 SQLite 数据库文件。

一、实训要求

设计访问 SQLite 数据库文件程序。要求在 D 盘根目录下创建一个数据库文件，在数据库文件中创建数据表，数据为（1，李成）、（2，张北）、（3，王南），输出所有数据，然后将学号 3 对应的姓名"王南"修改为"赵东"，再次输出所有数据。

二、实训分析

本实训主要运行了数据库文件的相关操作。首先连接 SQLite 数据库（student.db）；其次创建数据表 stu，设置数据表 stu 的字段为学号（num）和姓名（name）；再次插入三条记录；最后更新学号 3 对应的姓名并输出。

1. 数据表结构

创建数据表 stu，数据表 stu 的结构见实训表 17-1。

实训表 17-1 数据表 stu 的结构

字段名	数据类型	可否为空	含义
num	int	否	学号（主键）
name	varchar（10）	否	姓名

2. 数据表数据

数据表 stu 中的数据见实训表 17-2。

实训表 17-2　数据表 stu 中的数据

num	name
1	李成
2	张北
3	王南

3. 关键说明

Python 中自带一个轻量级的关系型数据库 SQLite。SQLite 作为后端数据库，可以搭配 Python 标准库来创建网站，或者用来制作存在数据存储需求的工具，也可以应用于 HTML5 和移动端。Python 标准库中的模块 sqlite3 为操作该数据库提供了相应接口。通过 Python 操作 SQLite 数据库的步骤如下。

（1）导入 SQLite 模块 sqlite3。

（2）连接数据库：使用 connect（）方法连接物理数据库。对于 SQLite 数据库，连接时仅提供数据库文件名和路径。

（3）获取游标：在 DB-API 数据库接口规范中，游标用于执行 SQL 语句并管理查询到的数据集。

（4）执行 SQL 命令：将 SQL 命令传给游标执行，并解析返回的结果。

（5）提交事务：在执行 SQL 语句时，数据库引擎会自动启动新事务，在一系列的操作完成之后，可以提交当前事务。

（6）关闭游标：完成 SQL 操作后关闭游标。

（7）断开数据库连接：断开 Python 客户端和数据库服务器的连接。

三、实训实现

1. 新建 Python 文件

在 PyCharm 集成开发环境下单击"New"→"Python File"命令，新建名为"Exp17.py"的 Python 文件。

2. 编写 Python 代码

在 PyCharm 工作窗口的代码区域中输入如下代码，并在理解下列代码意义的基础上，在横线上将代码补充完整。

```
import sqlite3                    # 导入数据库模块
# 连接 SQLite 数据库，如果数据库不存在，则创建数据库
conn = sqlite3.connect ("d: /student.db")
cur = conn.cursor ()             # 获取游标对象
# 执行一系列 SQL 语句
# 创建数据表 stu
cur.execute ("CREATE TABLE stu (num int PRIMARY KEY, name varchar (10) ) ;")
# 插入若干条记录
cur.execute ("INSERT INTO stu VALUES (1, ' 李成 ') ")
_____
cur.execute ("INSERT INTO stu VALUES (3, ' 王南 ') ")
# 查询所有记录
cur.execute ("SELECT * FROM stu; ")
rows = cur.fetchall ()           # 返回值为列表，列表元素为元组类型
print (" 记录个数 : %d" % len (rows) )
for i in rows:
    print (i)
# 更新一条记录
cur.execute ("UPDATE stu SET name = ' 赵东 ' WHERE num = 3")
# 更新记录后查询所有记录
print (" 更新记录后的查询结果 : ")
cur.execute ("SELECT * FROM stu; ")
_____
for i in rows:
    _____
conn.commit ()                   # 提交事务
cur.close ()                     # 关闭游标对象
                                 # 关闭数据库连接
_____
```

3. 运行程序，查看结果

单击"运行"按钮运行程序，查看运行结果，如实训图 17-1 所示。

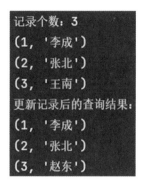

```
记录个数：3
(1, '李成')
(2, '张北')
(3, '王南')
更新记录后的查询结果：
(1, '李成')
(2, '张北')
(3, '赵东')
```

实训图 17-1　程序运行结果

4. 解析代码

（1）"CREATE TABLE 表名 (字段名 1 数据类型 1, 字段名 2 数据类型 2, …)"用于创建数据表。

（2）"PRIMARY KEY"用来设置某个字段为主键，若主键用于标识记录，具有唯一性且不可为空值。

（3）"INSERT INTO 表名 VALUES (数据 1, 数据 2, …)"用于在数据表中插入一条记录。

（4）"SELECT 字段列表 FROM 表名 WHERE 条件"用于查询数据表中符合条件的记录。

（5）"UPDATE 表名 SET 字段名 = 数据值 WHERE 条件"用于根据条件更新数据表中的记录。

（6）"fetchall ( )"函数的作用是以列表形式返回多个元组，即多行记录，与之相对应的 fetchone ( ) 函数的作用是返回单个元组，即一行记录。

第二节　文件与目录操作

学习目标

1. 了解 os、os.path 模块的常用文件和目录操作方法。
2. 能获取文件的各种属性，完成路径的常见操作。

Python 中可以实现对磁盘上的文件和目录进行重命名、创建、删除等操作。

一、os 模块

为方便文件与目录操作，Python 中的 os 模块提供了一些常用方法，见表 8-2-1。

表 8-2-1　os 模块的常用方法

方法	功能说明
os.remove (fileName)	删除指定文件 fileName，如文件不存在则报错
os.rename (src，dst)	为文件重命名
os.getcwd ( )	获取当前目录
os.listdir ([path])	以列表形式返回当前目录或指定目录下的所有文件和子目录
os.mkdir ([path])	创建一个目录
os.rmdir ([path])	删除指定目录（删除的目录需为空目录）
os.chdir ([path])	改变当前目录

【**例 8-2-1**】在 PyCharm 集成开发环境下将 D 盘 test 目录下的文件"a.txt"改名为"b.txt"，同时删除文件"a1.txt"，并创建目录 tt。

```
import os                                    # 导入 os 模块
os.rename ("d: /test/a.txt", "d: /test/b.txt")   # 为文件重命名
os.remove ("d: /test/a1.txt")                # 删除文件
os.mkdir ("d: /test/tt")                     # 创建目录
print (os.listdir ("d: /test") )             # 显示目录下的所有文件和目录
```

在程序运行前与运行后的 test 目录以及程序运行结果如图 8-2-1、图 8-2-2、图 8-2-3 所示。

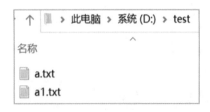

图 8-2-1　程序运行前的 test 目录

图 8-2-2　程序运行后的 test 目录

`['b.txt', 'tt']`

图 8-2-3　程序运行结果

二、os.path 模块

os.path 模块主要用于获取文件的属性以及进行路径操作，如路径判断、切分、连接以及遍历等，常用方法见表 8-2-2。

表 8-2-2　os.path 模块常用方法

方法	功能说明
os.path.abspath (path)	返回绝对路径
os.path.basename (path)	返回路径中的文件名部分
os.path.dirname (path)	返回路径中的目录部分
os.path.exists (path)	如果文件存在，返回 True；如果文件不存在，返回 False
os.path.lexists (path)	路径存在则返回 True，路径损坏则返回 False
os.path.getsize (path)	返回文件的大小，如果文件不存在，就返回错误
os.path.getctime (path)	返回路径或文件创建的时间
os.path.isabs (path)	判断 path 是否为绝对路径
os.path.isfile (path)	判断 path 是否为文件
os.path.isdir (path)	判断 path 是否为目录
os.path.join (path1 [, path2] [, …])	把目录和文件名合成为一个路径

【例 8-2-2】在 PyCharm 集成开发环境下执行以下内容并查看结果。

```
import os.path                          # 导入模块
print (os.path.abspath ("d: /test") )   # 返回绝对路径
print (os.path.basename ("d: /test/b.txt") )  # 返回文件名
print (os.path.dirname ("d: /test/b.txt") )   # 返回目录名
print (os.path.isdir ("d: /test/b.txt") )     # 判断是否是目录
```

程序运行结果如图 8-2-4 所示。

```
d:\test
b.txt
d:/test
False
```

图 8-2-4 程序运行结果

练一练

模仿 Windows 操作系统中的搜索功能，编写程序遍历某个文件夹下的所有图片。

实训十八　设计批量修改图片文件名程序

学习了文件与目录等相关操作后，接下来围绕设计批量修改图片文件名程序来巩固文件与目录操作。

一、实训要求

设计批量修改图片文件名程序，将 D 盘 pic1 目录中的所有图片文件（见实训图 18-1）复制到 D 盘 pic2 目录（pic2 需要新建）中并重命名（去除所有文件名中的"_"及前面部分）。

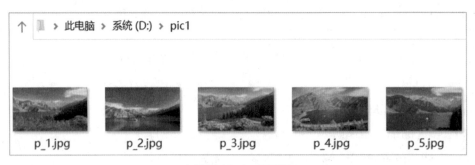

实训图 18-1　原目录

二、实训分析

本实训主要通过文件级操作来实现。获取原目录中的所有文件信息列表（fileList），通过遍历列表的方式对文件名进行切片处理后赋给变量（newName），然后复制原文件并改名（需要引用 shutil 模块的相关方法）。

1. 目标目录

批量修改图片文件名后的结果如实训图 18-2 所示。

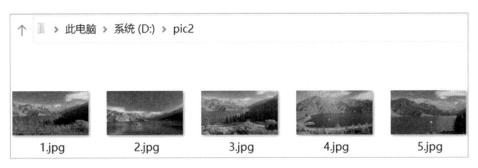

实训图 18-2　目标目录

2. 关键说明

（1）使用 shutil 模块可以对文件或文件夹进行复制、移动、删除、压缩和解压缩等操作。

（2）"shutil.copyfile（file1, file2）"用于将原文件 file1 复制为目标文件 file2，该函数只复制文件，不复制文件夹。

三、实训实现

1. 新建 Python 文件

在 PyCharm 集成开发环境下单击"New"→"Python File"命令，新建名为"Exp18.py"的 Python 文件。

2. 编写 Python 代码

在 PyCharm 工作窗口的代码区域中输入如下代码，并在理解下列代码意义的基础上，在横线上将代码补充完整。

```
_____                      # 导入 os 模块
import shutil                      # 导入 shutil 模块
# 定义函数
def getContent ( ) :
    fileList = os.listdir (oldPath)    # 获取目录中的所有文件的索引信息
    for i in fileList:              # 遍历所有文件
        _____              # 输出所有文件名
        newName = i.split ("_")     # 对每个文件名进行切片操作，可以去除 "_"
        # 将当前文件复制到目标目录中，并重命名
        shutil.copyfile (oldPath + i, newPath + newName[1])
# 主程序
oldPath = "d: /pic1/"              # 源目录路径
newPath = "d: /pic2/"              # 目标目录路径
os.mkdir (_____)          # 创建目录
                                   # 调用函数
_____
```

3. 运行程序，查看结果

单击"运行"按钮运行程序，查看运行结果，如实训图 18-3 所示。

4. 解析代码

（1）"def getContent ( )"用于自定义函数。

（2）"os.listdir ( )"用于获取目录中的所有信息，并以列表数据类型返回。

（3）"for i in fileList"用于遍历列表元素。

（4）"i.split ("_")"用于以 "_" 字符进行切片处理。

```
p_1.jpg
p_2.jpg
p_3.jpg
p_4.jpg
p_5.jpg
1.jpg
2.jpg
3.jpg
4.jpg
5.jpg
```

实训图 18-3　程序运行结果

第三节　异常处理

1. 了解程序错误的类型。
2. 了解程序异常的类型。
3. 能用 try…except…结构、try…except…else 结构和 try…except…else…finally 结构捕获并处理异常。

在程序运行过程中经常会遇到各种各样的错误，如索引越界、要访问的文件不存在、类型错误等，这些错误统称为异常。异常实际上是一个事件，在一般情况下，若 Python 解释器无法正常处理程序就会产生一个异常。当发生异常时，需要捕获异常并进行相应的处理，否则程序会终止执行。通过异常处理，可以避免程序非正常结束，从而使得程序更加健壮，具有更强的容错性。

一、程序错误的类型

程序错误一般分为语法错误、运行时错误和逻辑错误等。

1. 语法错误

语法错误是指因不符合语法规则而产生的错误，如标识符命名错误、不正确的缩进等，这类错误在编辑或解释时就会被检测出来，一旦产生这种错误，程序将无法运行。如 12a=3 的语法错误为标识符命名错误。

2. 运行时错误

在程序运行过程中产生错误而导致程序异常中断，这类错误为运行时错误，例如除数为 0、数据类型不匹配、列表索引越界、文件不存在、网络异常、名字错误、字典键错误、磁盘空间不足等。出现这类错误时，系统会终止程序运行，然后报错。如 5/0，其除数为 0 的错误就是运行时错误。

3. 逻辑错误

逻辑错误又称语义错误，虽然程序并不提示任何语法错误，也没有异常，但最终程序运行结果与预期结果不一致，例如运算符使用不合理、语句次序不正确等都属于逻辑错误。

异常处理主要针对运行时错误进行处理，语法错误和逻辑错误可以通过程序员在设计及编写程序时进行合理设计并规避。

二、程序异常的类型

程序运行时发生的每个异常都对应着一个异常类，Python 中的异常类有很多，常见的异常类见表 8-3-1。

表 8-3-1　Python 中常见的异常类

异常类	含义
AttributeError	对象属性错误
BaseException	所有异常的基类
Exception	常规错误的基类
ImportError	导入模块或对象失败错误
IndentationError	缩进错误
IndexError	索引错误
IOError	输入或输出操作失败错误
NameError	对象命名错误
SyntaxError	语法错误
TypeError	类型无效错误
ValueError	值无效错误
ZeroDivisionError	除（或取模）零错误
FileNotFoundError	文件不存在错误

三、异常处理结构

在 Python 中，常用的异常处理结构有 try…except…结构、try…except…else…结构、带有多个 except 的 try 结构及 try…except…finally…结构等。

1. try…except…结构

语法格式：

try:

    try 代码块

except [异常 as ex]:

    except 代码块

功能： 异常处理。

说明： try 子句中的代码块包含可能会引发异常的语句，而 except 子句则用来捕捉相应的异常。如果 try 子句中的代码引发异常并被 except 子句捕捉，则执行 except 子句代码块；如果 try 子句中的代码没有出现异常，则执行异常处理结构之后的代码。ex 表示捕捉到的错误对象（名字可以任意）。

【例 8-3-1】在 PyCharm 集成开发环境下求两个数的商，除数为 0 时会引发异常，通过捕获 ZeroDivisionError 异常类处理异常。

num1 = eval (input (" 请输入被除数 : "))

num2 = eval (input (" 请输入除数 : "))

try:

    result1 = num1 / num2　　　　　　　　#除数为 0 时会引发异常

except ZeroDivisionError as ex:　　　　　　# 处理异常

    print (" 捕捉到的错误对象 : ", ex)

程序运行结果如图 8-3-1 所示。

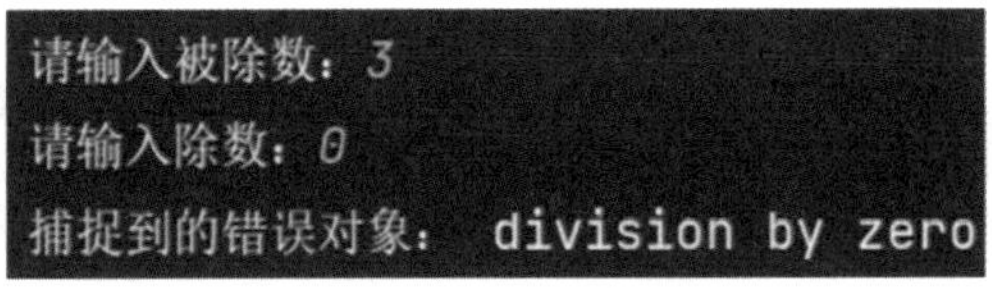

图 8-3-1　程序运行结果

2. try…except…else…结构

语法格式：

try:

　　try 代码块

except [异常 as ex]:

　　except 代码块

else:

　　else 代码块

功能： 异常处理。

说明： 如果执行 try 中的代码块时出现异常并被 except 子句捕获则执行 except 代码块，如果没有出现异常则执行 else 代码块。

【**例 8-3-2**】在 PyCharm 集成开发环境下判断输入的内容是否能使用 int ( ) 函数转换，不可转换时会引发异常，可通过捕获 ValueError 异常类处理异常。如果可转换，则输出"输入正确！"。

```
a = input (" 请输入一个数 : ")
try:
    num = int (a)                    # 将 a 转换为整数
except ValueError as ex:             # 捕获异常
    print (" 捕捉到的错误对象 : ", ex)
else:                                # 无异常
    print (" 输入正确 !")
```

运行程序，当可以转换时，执行 else 中的语句，输出结果如图 8-3-2 所示；当不可以转换时，则引发异常，执行 except 中的语句，输出结果如图 8-3-3 所示。

请输入一个数: 1
输入正确！

图 8-3-2　可转换时的运行结果

请输入一个数: a
捕捉到的错误对象: invalid literal for int() with base 10: 'a'

图 8-3-3　不可转换时的运行结果

3. try…except…else…finally 结构

语法格式:

try:

    try 代码块

except [异常 as ex]:

    except 代码块

else:

    else 代码块

finally:

    finally 代码块

功能: 异常处理。

说明: 如果执行 try 中的代码块时出现异常并被 except 子句捕获则执行 except 代码块;如果没有出现异常,则执行 else 代码块;最后无论是否有异常,都执行 finally 代码块。

【**例 8-3-3**】在 PyCharm 集成开发环境下复制文件,已知 D 盘 p1 目录下存放有文件 "a1.jpg",要求将该文件复制到 D 盘 p2 目录下,并重命名为 "b1.jpg"。

```
import os                              # 导入 os 模块
import shutil                         # 导入 shutil 模块
oldPath = "d: /p1/"                   # 源目录路径
newPath = "d: /p2/"                   # 目标目录路径
try:
    shutil.copyfile (oldPath + "a1.jpg", newPath + "b1.jpg") # 复制文件
except FileNotFoundError as ex:       # 未找到目标目录 , 进行异常处理
    os.mkdir (newPath)               # 创建目录
    print (" 未找到目标目录发生异常 , 并创建目标目录 ! ")
    shutil.copyfile (oldPath + "a1.jpg", newPath + "b1.jpg")
else:
    print (" 复制时未发生异常 ! ")
finally:                              # 不论是否有异常都执行
    print (" 复制成功 ! ")
```

运行程序，当 D 盘下存在 p2 目录时，则执行 else 子句中的语句，输出结果如图 8-3-4 所示；当 D 盘下无 p2 目录时，则引发异常，执行 except 中的语句，输出结果如图 8-3-5 所示。

复制时未发生异常！
复制成功！

未找到目标目录发生异常，并创建目标目录！
复制成功！

图 8-3-4　存在 p2 目录　　　　　　　　图 8-3-5　无 p2 目录

从输出结果中可以看出，不论是否出现异常，finally 中的语句总是被执行。当然本例运行之前应确保 D 盘下存在 p1 目录并存在 "a1.jpg" 文件。

4. 带有多个 except 的 try 结构

语法格式：

try:

　　try 代码块

except [异常 1 as ex1]:

　　except 代码块 1

except [异常 2 as ex2]:

　　except 代码块 2

　　…

else:

　　else 代码块

功能： 异常处理。

说明： 在实际开发中，同一段代码可能会出现多种异常，并且需要针对不同类型的异常进行不同处理。一个 except 子句可捕获一个异常，一旦某个 except 子句捕获到异常，后面的 except 子句则不会再尝试捕获异常。该结构类似于多分支选择结构。

【例 8-3-4】 在 PyCharm 集成开发环境下求两个数的商。除了除数为 0 异常外，在用户输入数据时，如果输入的数据不是数值型数据，也会引发异常。捕获所有异常并进行相应的处理。

```
try:
    num1 = eval (input (" 请输入被除数 :") )
    num2 = eval (input (" 请输入除数 :") )
    result1 = num1 / num2
```

```
except ZeroDivisionError:                    # 除数为 0 时会引发异常
    print (" 除数不能为 0")
except Exception:                            # 除数或被除数为非数值型时引发异常
    print (" 除数或被除数应为数值型数据 ")
else:
    print ("{}/{}={}".format (num1, num2, result1) )
```

运行程序，当除数为 0 时，则执行第一个 except 中的语句，输出结果如图 8–3–6 所示；当除数或被除数为非数值型数据时，则执行第二个 except 中的语句，输出结果如图 8–3–7 所示；当输入的数据符合除法运算时，则执行 else 中的语句。

请输入被除数：2
请输入除数：0
除数不能为0

图 8-3-6　除数为 0

请输入被除数：3
请输入除数：a
除数或被除数应为数值型数据

图 8-3-7　除数或被除数为非数值型数据

练一练

　　编写程序，要求在一个文本文件的行首加上行号。如果在执行过程中发生异常情况，需要进行异常处理，并输出异常信息。

实训再现

　　在实训十六设计读写文本文件程序中，若将提供的"text1.txt"文件内容修改成包含中文字样的内容并运行程序，请在下面的方框中记录修改的内容和输出的结果，分析产生的原因并优化程序。

拓展练习

1. 编写一个字母大小写转换程序，要求读取已有英文文本文件中的所有内容，将其中的大写字母转换成小写字母、小写字母转换成大写字母，并将转换后的内容写入另一个文本文件中，标记共转换了多少个大写字母和多少个小写字母。

2. 使用 Python 语言提取 Excel 文件的内容并显示。

3. 编写一个图片遍历程序（图片扩展名为 .jpg），要求将某个文件夹中的所有图片查找出来，并复制到另一个文件夹中。

通过前面的学习，可以感受到 Python 语言的强大魅力。那么在实际应用中，使用 Python 语言能解决哪些问题呢？运用 Python 提供的基础知识，通过图形用户界面（GUI）图形化功能，如 tkinter 等模块进行图形界面设计，也可以通过 matplotlib、pygame 模块进行数据可视化、游戏等实践开发。

在本章中，通过三个实训，了解图形化界面搭建、数据图形化分析及游戏开发等应用功能的设计原理，为以后更深入学习 Python 的应用领域打下扎实的基础。

实训十九　制作智能家居交互界面

在主流计算机环境下有三种软件操作界面：一种是以 DOS 为代表的字符界面；一种是以 Windows 为代表的图形用户界面；还有一种以网页为代表的 Web 用户界面。利用图形用户界面工具，可以开发出类似 Windows 操作系统界面的软件界面，提高人机交互性、美观性，增强实用性，降低技术门槛。在 Python 中，可以用默认自带的 tkinter 模块作为 GUI 的开发工具包，实现各种窗体开发功能。

一、实训要求

制作智能家居交互界面。要求界面上显示标题"未来智能家居控制"，界面大小为 480 像素 ×220 像素并能显示温度、湿度、PM2.5、空调开关、窗帘开关、排气扇开关、热水器温度控制、地暖温度控制等数据。

二、实训分析

本实训主要运用了 tkinter 模块中的相应组件。首先设计窗体的大小与背景，根据窗体大小设计各控件的摆放位置和区域大小；其次初始化窗口、标题、大小及背景；再次根据标签、按钮、单选框和滑块等组件的特点，合理对应所要显示的功能；最后布局好位置并显示。为了实现以上要求，需要用到 tkinter 模块及模块中相应的对象、属性和方法。

1. tkinter 模块

tkinter 模块即 Tk 接口，是 Python 的标准 Tk GUI 工具包的接口。在 Python 中，tkinter 是一种简单易用的 GUI 编程工具，可以快速地创建图形用户界面。

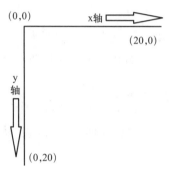

实训图 19-1　tkinter 的坐标系

2. tkinter 的坐标系

图形界面上的组件排放、鼠标事件等功能都少不了坐标。tkinter 坐标系和数学上习惯用的坐标系有所不同，原点在窗口的左上角，如实训图 19-1 所示。

3. 关键说明

（1）窗体

建立窗体的基本语句如下。

```
import tkinter                    # 导入 tkinter 模块
window = tkinter.Tk ( )           # 建立窗体实例
window.geometry ("480x220")       # 设置窗体大小（长 x 高），x 为英文小写字母
window.mainloop ( )               # 启动窗体运行 , 并等待接收各种事件
```

实训图 19-2 所示为上述代码执行的结果。

实训图 19-2　窗体

实训图 19-2 所示为一个大小为 480 像素 × 220 像素的窗口，用户可以设置窗口的属性。

1）设置窗体标题属性。

```
window.title (" 智能家居界面 ")
```

2）设置窗体图标属性。

window.iconbitmap ("./znjj/zn.ico")

3）设置窗体背景颜色属性。

window ["background"] ="LightSlateGray"　　　# 设置窗体为亮石板灰颜色

Python 中的颜色种类比较多，如爱丽丝蓝 aliceblue，读者可以自行查阅。

窗体、组件往往有很多共性的属性，如背景颜色、字体颜色、形状大小、字体、鼠标光标样式、标题等。常见的通用属性见实训表 19-1。

实训表 19-1　常见的通用属性

属性（别名）	功能说明	对应值
background（bg）	背景颜色	如 black、red、blue 等
foreground（fg）	字体颜色	如 black、red、blue 等
highlightcolor	组件获得焦点时边框的颜色	如 black、red、blue 等
highlightbackground	组件失去焦点时边框的颜色	如 black、red、blue 等
highlightthickness	组件获得或失去焦点时边框的宽度	非负浮点数
relief	组件 3D 外观	RAISED、SUNKEN、FLAT、RIDGE、SOLID、GROOVE
height	组件高度	整数，若小于等于 0 则自适应
width	组件宽度	整数，若小于等于 0 则自适应
font	组件显示字体	如宋体、黑体等

（2）组件

Python 的 tkinter 组件主要存放于 tkinter、tkinter.ttk、tkinter.tix、tkinter.scrolledtext 模块下。

1）在窗体上添加组件。如利用 tkinter 模块下的 Button 按钮组件来添加组件，下面的代码演示了如何在窗体上实现组件功能。

```
import tkinter                              # 导入 tkinter 模块
window = tkinter.Tk ()                      # 建立窗体实例
window.geometry ("480x220")                 # 设置窗体大小（长 x 高），x 为英文小写字母
window ["background"] ="LightSlateGray"     # 设置背景颜色
```

```
btn1 = tkinter.Button (window, text="OK", fg="black")    # 创建按钮
btn1.pack ( )                                # 使用 pack ( ) 方法将按钮居中放置在窗体上
window.mainloop ( )                          # 启动窗体运行，并等待接收各种事件
```

tkinter 模块下的常用组件见实训表 19-2。

实训表 19-2　tkinter 模块下的常用组件

组件	名称	功能说明
Button	按钮	单击触发事件
Label	标签	单行显示文本，起到提示作用
Entry	输入框	单行文本输入框
Text	文本框	多行文本输入框
Checkbutton	复选框	多项选择
Radiobutton	单选框	单项选择
Frame	框架	用于组件分组
Listbox	列表框	显示文本列表
Scrollbar	滚动条	默认垂直方向
Scale	滑块	默认垂直方向，用鼠标拖动可改变数值，形成可视化交互
Message	消息	信息提示对话框
Toplevel	新建窗体容器	子窗体窗口控件，用来提供一个单独的对话框
Menu	菜单	创建菜单命令
Canvas	画布	绘制图形或特殊控件

2）通过组件添加事件处理方法。在窗体、组件中有一个公共方法 bind ( )，用于监测对象是否发生事件，若发生则调用对应的事件处理函数。

bind ( ) 的使用格式为：bind (sequence, func, add="")

sequence 代表事件类型的字符串，常用事件类型见实训表 19-3。

实训表 19-3　常用事件类型

事件分类	事件类型	事件触发功能说明
鼠标事件	<Button1> <Button2> <Button3>	在组件上按鼠标左 <Button1>、中 <Button2>、右 <Button3> 键时，触发该事件

事件分类	事件类型	事件触发功能说明
鼠标事件	\<B1-Motion\>	当鼠标光标在控件中时，按住鼠标左键移动产生
	\<ButtonRelease-1\>	当鼠标左键松开时，鼠标指针的当前位置会以事件实例的 x、y 坐标成员的形式传送给回调函数
	\<Double-Button-1\>	当鼠标左键被双击时，触发双击事件
	\<Enter\>	当鼠标指针接触对应的组件对象时，触发该事件
	\<Leave\>	当鼠标指针离开组件时，触发该事件
键盘事件	\<FocusIn\>	当键盘焦点切换到当前组件时，该组件触发焦点事件
	\<FocusOut\>	当键盘焦点从当前组件离开时，触发该事件
	\<Return\>	当用户按 Enter 键时，可以映射键盘上所有的按键
	\<Key\>	当用户按任意键时，键会以 event 对象的 char 成员的形式传递给 callback

如下代码为按钮添加了鼠标单击事件。

```
import tkinter                          # 导入 tkinter 模块
def click (event) :                     # 自定义单击函数 click ()
    event.widget ["text"] = "No"        # 按钮显示为 No
window = tkinter.Tk ()                   # 建立窗体实例
window.geometry ("480x220")             # 设置窗体大小（长 x 高），x 为英文小写字母
window ["background"]="LightSlateGray"  # 设置背景颜色
btn1 = tkinter.Button (window, text="OK", fg="black")   # 在窗体上创建按钮
btn1.bind ("<Button-1>", click)         # 用 bind () 绑定鼠标单击事件
btn1.pack ()                            # 用 pack () 方法将按钮放到窗体上
window.mainloop ()                      # 启动窗体运行，并等待接收各种事件
```

以上代码运行后，在窗体上单击按钮，会触发鼠标的左键单击事件，并将按钮的显示内容改成"No"，如实训图 19-3 所示。

3）将组件在窗体上定位。tkinter 提供了三种位置管理方法：pack () 方法、grid () 方法、place () 方法。

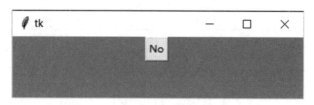

实训图 19-3 单击鼠标左键时按钮显示"No"

①使用 pack ( ) 方法布局是将窗口看成一个容器，调用该方法将组件添加至父组件中，可以通过 side 属性设置组件的分布方式，取值为 top、bottom、left 或 right，默认值为 top。如下代码为使用 pack ( ) 方法进行布局。

```
import tkinter                                          # 导入 tkinter 模块
window = tkinter.Tk ( )                                 # 建立窗体实例
window.geometry ("150x150")                             # 设置窗体大小
btn1 = tkinter.Button (window, text="1", fg="black")    # 在窗体上创建按钮 1
btn2 = tkinter.Button (window, text="2", fg="black")    # 在窗体上创建按钮 2
btn3 = tkinter.Button (window, text="3", fg="black")    # 在窗体上创建按钮 3
btn1.pack (side="top")                                  # 在窗体顶端设置按钮 1
btn2.pack (side="top")                                  # 在窗体顶端对齐设置按钮 2
btn3.pack (side="top")                                  # 在窗体顶端对齐设置按钮 3
window.mainloop ( )                                     # 启动主窗体事件循环等待
```

运行结果如实训图 19-4 所示。

②使用 grid ( ) 方法布局可实现将父组件分割成一个二维表格，属性 row 用于设置组件所在行，column 用于设置组件所在列，rowspan 用于设置组件所占据的行数。如下代码为使用 grid ( ) 方法进行布局。

实训图 19-4 运行结果

```
import tkinter                                          # 导入 tkinter 模块
window = tkinter.Tk ( )                                 # 建立窗体实例
window.geometry ("150x150")                             # 设置窗体大小
btn1 = tkinter.Button (window, text="1", fg="black")    # 在窗体上创建按钮 1
btn2 = tkinter.Button (window, text="2", fg="black")    # 在窗体上创建按钮 2
btn3 = tkinter.Button (window, text="3", fg="black")    # 在窗体上创建按钮 3
```

```
btn1.grid (column=2, row=0)                                    # 第 2 列第 0 行
btn2.grid (column=0, row=1)                                    # 第 0 列第 1 行
# 第 1 列起跨 2 列第 2 行，占 20 像素宽
btn3.grid (column=1, columnspan=2, ipadx=20, row=2)
window.mainloop ( )                                            # 启动窗体循环等待
```

以上代码是以一个 3×4 的表格为标准，起始行、列序号均为 0。将按钮 btn1 置于第 2 列第 0 行；将按钮 btn2 置于第 0 列第 1 行；将按钮 btn3 置于第 1 列起跨 2 列第 2 行，占 20 像素宽度。运行结果如实训图 19-5 所示。

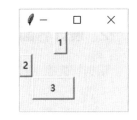

实训图 19-5　运行结果

③使用 place ( ) 方法布局可将组件放在一个特定的位置，用 x、y 设置绝对布局坐标（单位为 px），用 relx、rely 设置相对窗口宽度和高度的位置，取值范围为 [0, 1.0]，其中 relx=0.5，rely=0.5 表示组件处于中心位置。如下代码为使用 place ( ) 方法进行布局。

```
import tkinter                                                 # 导入 tkinter 模块
window = tkinter.Tk ( )                                        # 建立窗体实例
window.geometry ("150x150")                                    # 设置窗体大小
btn1 = tkinter.Button (window, text="1", fg="black")           # 在窗体上创建按钮 1
btn2 = tkinter.Button (window, text="2", fg="black")           # 在窗体上创建按钮 2
btn3 = tkinter.Button (window, text="3", fg="black" )          # 在窗体上创建按钮 3
btn1.place (x=50, y=50)                                        # 坐标位置为 50x50
btn2.place (relx=0.5, rely=0.5)                                # 坐标位置中心为 75x75
btn3.place (x=100, y=100)                                      # 坐标位置为 100x100
window.mainloop ( )                                            # 启动窗体循环等待
```

运行结果如实训图 19-6 所示。

实训图 19-6　运行结果

261

三、实训实现

1. 新建 Python 文件

在 PyCharm 集成开发环境下单击 "New" → "Python File" 命令，新建名为 "Exp19.py" 的 Python 文件。

2. 设计界面上的组件及属性值

根据智能家居控制要求，在界面上设计实训表 19-4 所示的组件及相关属性值。

实训表 19-4　组件及相关属性值

组件名	组件类型	属性	属性值	组件名	组件类型	属性	属性值
lb1	Lable	text	未来智能家居控制	krd1	Radiobutton	text	开
						value	0
		relief	GROOVE			relief	GROOVE
		fg	#000			font	"宋体", 10
		font	"黑体", 20			variable	var
						command	Mysel
lb2	Lable	text	温度	krd2	Radiobutton	text	关
						value	1
		relief	GROOVE			relief	GROOVE
		fg	#000			font	"宋体", 10
		font	"宋体", 10			variable	var
						command	Mysel
lb3	Lable	text	湿度	cbt1	Button	text	开
		relief	GROOVE			relief	GROOVE
		fg	#000			font	"宋体", 10
		font	"宋体", 10			width	5
lb4	Lable	text	PM2.5	cbt2	Button	text	关
		relief	GROOVE			relief	GROOVE
		fg	#000			font	"宋体", 10
		font	"宋体", 10			width	5

续表

组件名	组件类型	属性	属性值	组件名	组件类型	属性	属性值
klb5	Lable	text	空调	pbt1	Button	text	开
		relief	GROOVE			relief	GROOVE
		fg	#000			font	" 宋体 "，10
		font	" 宋体 "，10			width	5
clb6	Lable	text	窗帘	pbt2	Button	text	关
		relief	GROOVE			relief	GROOVE
		fg	#000			font	" 宋体 "，10
		font	" 宋体 "，10			width	5
plb7	Lable	text	排气扇	rsc1	Scale	orient	HORIZONTAL
		relief	GROOVE			length	130
		fg	#000			relief	GROOVE
		font	" 宋体 "，10			from_	20.0
						to	80.0
rlb8	Lable	text	热水器	dsc1	Scale	orient	HORIZONTAL
		relief	GROOVE			length	130
		fg	#000			relief	GROOVE
		font	" 宋体 "，10			from_	20.0
						to	30.0
dlb9	Lable	text	地暖	lb0	Lable	image	filename
		relief	GROOVE				
		fg	#000				
		font	" 宋体 "，10				
		width	6				

3. 编写 Python 代码

在 PyCharm 工作窗口的代码区域中输入如下代码，并在理解下列代码意义的基础上，在横线上将代码补充完整。

```
from tkinter import *                          # 导入 tkinter 模块
def Mysel ( ) :                                # 自定义单选按钮选项函数
    dic = {0: " 开 ", 1: " 关 "}                # 定义字典
```

```
    dic.get (var.get ( ))                              # 获取值
# 主程序
window = _____                                    # 初始化主窗体
window.title (" 智能家居界面 ")                           # 设置窗体标题
window.geometry ("_____")                          # 设置窗体大小
# 设置窗体背景图片
filename = PhotoImage (file="./znjj/bg.png")
lb0 = Label (window, image=filename)
lb0.place (x=0, y=0, relwidth=1, relheight=1)
# 使用标签控件设置窗体各个对象，主要包括显示文字、字体颜色、
# 字体和大小以及 3D 浮雕样式
lb1=Label (window, text=" 未来智能家居控制 ", relief=GROOVE, fg="#000", font\
(" 黑体 ", 20) )
lb2 = Label (window, text=" 温度 ", relief=GROOVE, fg="#000", font= (" 宋体 ", 10) )
lb3 = Label (window, text=" 湿度 ", relief=GROOVE, fg="#000", font= (" 宋体 ", 10) )
lb4 = Label (window, text="PM2.5", relief=GROOVE, fg="#000", font= (" 宋体 ", 10) )
klb5 = Label (window, text=" 空调 ", relief=GROOVE, fg="#000", font= (" 宋体 ", 10) )
clb6 = Label (window, text=" 窗帘 ", relief=GROOVE, fg="#000", font= (" 宋体 ", 10) )
plb7 = Label (window, text=" 排气扇 ", relief=GROOVE, fg="#000", font= (" 宋体 ", 10) )
rlb8 = Label (window, text=" 热水器 ", relief=GROOVE, fg="#000", font= (" 宋体 ", 10) )
dlb9 = Label (window, text=" 地暖 ", relief=GROOVE, fg="#000", width=6, font\
(" 宋体 ", 10) )
var = IntVar ( )                                       # 整型变量，默认值为 0
# 设置单选框，主要包括显示文字、返回变量、返回值、响应函数名、3D 浮雕样式
# 以及字体和大小
krd1 = Radiobutton (window, text=" 开 ", variable=var, value=0, command=Mysel, \
relief=GROOVE, font= (" 宋体 ", 10) )
krd2 = Radiobutton (window, text=" 关 ", variable=_____, value=____, command=Mysel, \
relief=GROOVE, font= (" 宋体 ", 10) )
# 设置按钮，主要包括显示文字、3D 浮雕样式以及宽度和字体、大小
```

cbt1 = Button (window, text=" 开 ", relief=GROOVE, width=5, font= (" 宋体 ", 10))

cbt2 = Button (window, text=" 关 ", relief=GROOVE, width=5, font= (" 宋体 ", 10))

pbt1 = Button (window, text=" 开 ", relief=GROOVE, width=5, font= (" 宋体 ", 10))

pbt2 = Button (window, text=" 关 ", relief=GROOVE, width=5, font= (" 宋体 ", 10))

设置水平滑块，主要包括宽度、3D 浮雕样式以及滑块的取值范围

rsc1 = Scale (window, orient=HORIZONTAL, length=130, relief=GROOVE, \

from_=20.0, to=80.0)

dsc1 = Scale (window, orient=HORIZONTAL, length=130, relief=GROOVE, \

from_=20.0, to=30.0)

设置各控件的布局方式，一行中多个语句可用分号分隔

lb1.place (x=120, y=10)

lb2.place (x=20, y=60) ;　　　lb3.place (x=100, y=60) ;　　　lb4.place (x=180, y=60) ;

klb5.place (x=20, y=110) ;　krd1.place (x=100, y=110) ; krd2.place (x=180, y=110)

clb6.place (x=20, y=160) ;　cbt1.place (x=100, y=160) ; cbt2.place (x=180, y=160)

plb7.place (x=250, y=60) ;　pbt1.place (x=330, y=60) ;　pbt2.place (x=410, y=60)

rlb8.place (x=250, y=110) ; rsc1.place (x=330, y=90)

dlb9.place (x=250, y=160) ; dsc1.place (x=330, y=140)

　　　　　　　　　　　　　　　　# 窗体主循环

4. 运行程序，查看结果

单击"运行"按钮运行程序，查看运行结果，如实训图 19-7 所示。

实训图 19-7　程序运行结果

5. 解析代码

（1）"dic.get（var.get（))"用于以单选框返回值为依据，获取字典中对应的值。

（2）"PhotoImage（file="./znjj/bg.png")"用于创建一个 tkinter 图像对象，可以在窗口中显示图片。

（3）"lb0.place（x=0, y=0, relwidth=1, relheight=1)"用于设置窗口的背景图像，将标签放置在窗口的左上角，使其充满整个窗口。relwidth 和 relheight 的值是标签相对父组件（即窗体）的宽度和高度，其取值范围为 [0, 1.0]。

实训二十　创建经济数据可视化分析图

matplotlib 是一款优秀的绘图工具，它能帮助使用者轻松地将数据图形化，并提供多样化的输出格式，绘制各种静态、动态、交互式的图表，例如线图、散点图、等高线图、条形图、柱状图、3D 图形等。

一、实训要求

设计并实现 2022 年全国 GDP 经济数据可视化分析图。要求使用柱形图表示 2022 年全国各省 GDP 经济数据；图表标题为"2022 年全国各省 GDP 数据（单位：万亿）"；柱形颜色为绿色，柱形宽度为 0.5，添加数字标签，字号为 8；横、纵坐标的字号为 8。

二、实训分析

本实训主要运用 matplotlib 库中的相关模块。首先确认数据的存在位置和格式（./data/2022gdp.csv）及 matplotlib 模块是否已经安装；其次分析数据结构，在 2022gdp.csv 文件中第一行为字段名，从第二行开始为各省的经济数据；再次读取地区数据（gdpArea）和 GDP 数据（gdpData）；最后以柱形图显示数据。在创建可视化分析图时用到了 matplotlib 库、pyplot 模块及相应的函数。

1. matplotlib 库

matplotlib、numpy 和 pandas 统称为 Python 数据分析的"三剑客"。numpy 是一个高性能

科学计算和数据分析的基础包，其中包含了数组对象以及线性代数等；而 pandas 是一种基于 numpy 的工具，该工具是为解决数据分析任务而创建的；matplotlib 提供数据绘图功能，进行二维图表数据展示，经常与 numpy、pandas 配合使用。

2. pyplot 模块

pyplot 模块是一个方便使用 matplotlib 库的接口，可以实现创建图形、添加标签和图例、设置坐标轴范围、使用图形样式和保存图形等功能。

3. CSV 文件

CSV 文件是一种常见的文本文件，以简单格式存储表格数据，常用于数据导入和导出。例如，可以将 Excel 表格另存为 CSV 格式，生成 CSV 文件。相较于 Excel 格式的文件，CSV 格式文件可以让数据占用空间更少，处理数据的速度更快。例如，本实训中用的 CSV 文件部分数据见实训表 20-1。

4. 关键说明

（1）bar ( ) 函数

格式： matplotlib.pyplot.bar (left, height, width=0.8, color="")

功能： 绘制柱形图。

说明：

left：x 轴的位置序列。

height：y 轴的位置序列。

width：柱形图的宽度，默认为 0.8，该值并不是指像素宽度，而是标准柱宽度的倍数。

color：柱形图填充的颜色。可使用列表的形式指定各个柱形的颜色，如 color=["b", "g", "r"] 表示蓝、绿、红三种颜色交替出现。matplotlib 中常用颜色的缩写字符见实训表 20-2。

实训表 20-1　2022 年我国部分省份的 GDP 增长数据

序号	省市	GDP/ 万亿元	增长率 /%	序号	省市	GDP/ 万亿元	增长率 /%
1	广东	12.911 858	1.9	6	四川	5.674 98	2.9
2	江苏	12.287 56	2.8	7	湖北	5.373 492	4.3
3	山东	8.743 5	3.9	8	福建	5.310 985	4.7
4	浙江	7.771 5	3.1	9	湖南	4.867 037	4.5
5	河南	6.134 505	3.1	10	安徽	4.504 5	3.5

（2）text（）函数

格式：

matplotlib.pyplot.text (x, y, string, fontsize=12, va="top", ha="left")

功能： 设置数据标签。

实训表 20-2　matplotlib 中常用颜色的缩写字符

字符	颜色	字符	颜色
b	蓝色（blue）	m	紫红色（magenta）
g	绿色（green）	y	黄色（yellow）
r	红色（red）	k	黑色（black）
c	蓝绿色（cyan）	w	白色（white）

说明：

x，y：对应点的坐标值，即数据标签的位置。

string：说明文字，即数据标签的值。

fontsize：字体大小，默认值为 12。

va：垂直对齐方式，可选参数有 center、top、bottom、baseline。

ha：水平对齐方式，可选参数有 center、right、left。

（3）zip（）函数

格式： zip ([iterable1, iterable2, …])

功能： 将可迭代的对象作为参数，将对象中对应位置的元素打包成一个个元组，由这些元组组成列表，返回值为一个迭代对象。

说明： iterable 为一个或多个迭代器。如 a= [1, 2, 3]，b= [4, 5, 6]，则 zipped=zip (a, b, c) 的结果为 [(1, 4), (2, 5), (3, 6)]。

三、实训实现

1. 新建 Python 文件

在 PyCharm 集成开发环境下单击"New"→"Python File"命令，新建名为"Exp20.py"的 Python 文件。

2. 编写 Python 代码

在 PyCharm 工作窗口的代码区域中输入如下代码，并在理解下列代码意义的基础上，在横线上将代码补充完整。

```
import csv                                    # 导入 CSV 库
# 导入 matplotlib 库中的 pyplot 模块 , 并命名为 plt
from matplotlib import pyplot as plt
gdpArea = []                                  # 用于保存地区数据
_____                                    # 用于保存 GDP 数据
csvPath = "./data/2022gdp.csv"                #CSV 文件保存路径
with open (csvPath, "r") as _____ :           # 以只读模式打开 CSV 文件
    dataReader = csv.reader (dfile)           # 读取 CSV 文件数据
    lineNum =_____                           # 行数初始值为 0
    for row in dataReader:                    # 逐行处理数据
        if (lineNum != 0) :                   # 判断是否为标题行 , 仅处理数据行
            gdpArea.append (row[1])           # 把地区数据添加到列表 gdpArea 中
            gdpData.append (float (row[2]) )  # 把 GDP 数据添加到列表 gdpData 中
        lineNum_____                       # 行数增加 1
plt.figure (figsize= (11, 5) )                # 设置绘图区大小为 11 英寸长、5 英寸宽
plt.bar (gdpArea, gdpData, width=0.5, color="g")  # 绘制柱形图 , 颜色为绿色
for a, b in zip (gdpArea, gdpData) :          # 为每条柱形图添加数值
    # 设置数据标签 , 为数据保留两位小数 , 字体大小为 8
    plt.text (a, b, "%.2f"%b, ha="center", va="bottom", fontsize=8)
plt.rcParams["font.sans-serif"]=["SimHei"]    # 设置中文字体
plt.title ("2022 年全国各省 GDP 数据 ( 单位 : 万亿元 ) ")    # 设置标题文字
plt.xticks (fontsize=8)                       # 设置横坐标轴标签的字号
plt.yticks (_____)                         # 设置纵坐标轴标签的字号
plt.show ( )                                  # 显示柱形图
```

3. 运行程序，查看结果

单击"运行"按钮运行程序，查看运行结果，如实训图 20-1 所示。

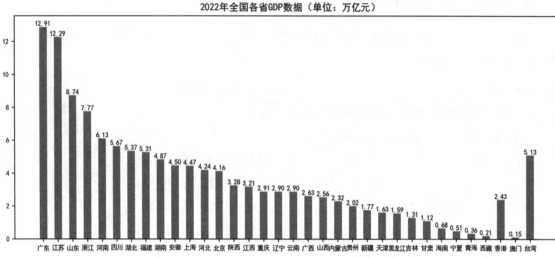

实训图 20-1　程序运行结果

4．解析代码

（1）"csvPath = "./data/2022gdp.csv""用来设置数据文件所存放的位置和名称。此处采用的是相对路径。

（2）"if (lineNum != 0)"表示根据数据文件中第一行的内容来确定，这与 lineNum 的初始值相关联。

（3）"gdpArea.append (row[1])"表示表中的第 2 列数据，即地区。

（4）"gdpData.append (float (row [2]))"表示表中的第 3 列数据，即 GDP。

实训二十一　制作跳跃的小球

Pygame 是一个用于创建视频游戏（包括 2D 游戏）的跨平台 Python 模块集合。它包含计算机图形和声音库，能够编写出完整的游戏，包括图形显示、声音播放、事件处理、碰撞检测、精灵（图像）管理等功能。

一、实训要求

制作跳跃的小球程序。要求小球在 600 像素 ×400 像素的窗口中不停地做镜面反射运动。

二、实训分析

本实训主要运用了 pygame 模块。首先确认小球（ball）的存放位置（./ball/ball.png）；其次初始化 pygame，为使用硬件做好准备，同时设置好窗口（screen）的大小（size）及时钟（clock）等相关参数；最后不断监听小球的实时位置并根据位置调整小球运动的方向。在制作跳跃的小球时用到了 sys 模块、pygame 模块及相应的函数和方法。

1. sys 模块

sys 模块提供了访问 Python 解释器的属性，以及与 Python 解释器进行交互的方法，这些属性和方法主要用于操控 Python 运行时的环境。

（1）copyright 属性：获取 Python 版权信息。

（2）executable 属性：获取 Python 解释器的绝对路径。

（3）version 属性：获取 Python 解释器的版本号等信息。

（4）_clear_type_cache () 方法：清除内部类型缓存。

（5）exit () 方法：退出 Python。

2. pygame 模块

pygame 是一组开源的 Python 模块，可以用于 2D 游戏制作，包含对图像、声音、视频、事件、碰撞等的支持。pygame 建立在 SDL 的基础上，SDL 是一个跨平台的多媒体开发库，用 C 语言实现，被广泛地应用于游戏、模拟器、播放器等开发中。pygame 中主要的子模块有 color、display、draw、event、font、image、key、mixer、mouse、rect、time 等。

3. 关键说明

（1）set_mode () 函数

格式： pygame.display.set_mode (size= (0, 0) [, flags=0] [, depth=0])

功能： 设置窗口的大小。

说明：

size：一个元组参数，指定窗口的宽和高。

flags：功能标志位，表示创建的主窗口样式，如创建全屏窗口、无边框窗口等，见实训表 21-1。

实训表 21-1　flags 参数值

名称	说明
FULLSCREEN	创建一个全屏窗口
HWSURFACE	创建一个硬件加速窗口，必须和 FULLSCREEN 同时使用
OPENGL	创建一个 OPENGL 渲染窗口
RESIZABLE	创建一个可以改变大小的窗口
DOUBLEBUF	创建一个双缓冲区窗口
NOFRAME	创建一个没有边框的窗口

depth：指定颜色位数。

（2）get_rect () 方法

格式： 对象名称 .get_rect ()

功能： 获取图片的位置矩形。

说明： get_rect () 方法是 pygame 中 RECT 类的成员之一，可以获得图片对象的 left、right、top、bottom 值。具体可以查看实训图 21-1 所示内容。

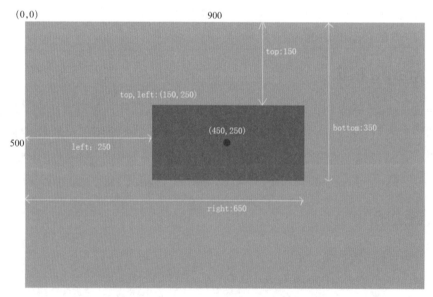

实训图 21-1　使用 get_rect () 方法获取图片对象矩形位置示意图

在图 9-3-1 中，灰色矩形大小为 900 像素 ×500 像素，中央蓝色矩形大小为 400 像素 ×200 像素，其值含义见实训表 21-2。

实训表 21-2　get_rect ( ) 方法返回值含义

参数	含义
left	与窗口左边界的距离
right	与窗口左边界的距离 + 图像本身的宽度
top	与窗口上边界的距离
bottom	与窗口上边界的距离 + 图像本身的高度

（3）move ( ) 方法

格式：对象名称 .move (x, y)

功能：控制对象的移动速度。

说明：表示 x 轴和 y 轴方向上的移动距离，值越大则移动距离越大，移动速度越快。

三、实训实现

1. 新建 Python 文件

在 PyCharm 集成开发环境下单击"New"→"Python File"命令，新建名为"Exp21.py"的 Python 文件。

2. 编写 Python 代码

在 PyCharm 工作窗口的代码区域中输入如下代码，并在理解下列代码意义的基础上，在横线上将代码补充完整。

```
_____                                      # 导入 sys 模块
import pygame                                     # 导入 pygame 模块
pygame.init ( )                                   # 初始化 pygame，为使用硬件做好准备
size = width, height = 600, 400                   # 设置窗口大小
screen = pygame.display.set_mode (_____)         # 创建一个宽为 600、高为 400 的窗口
pygame.display.set_caption (" 小球碰壁游戏 ")      # 设置窗口标题
ball = pygame.image.load ("./ball/ball.png")      # 加载图片
```

```
position = ball.get_rect ()                          # 获取图片的位置矩形
speed = [1, 1]                                        # 设置移动的 x 轴与 y 轴距离
clock = pygame.time.Clock ()                          # 设置时钟
while _____:                                     # 执行死循环，确保窗口一直显示
    for event in pygame.event.get () :                # 事件监听
        if event.type == pygame.QUIT:                 # 接收到退出事件后退出程序
            sys.exit ()                               # 退出程序
    position = position.move (speed)                  # 移动小球
    if position.left < 0 or position.right > width:   # 碰到左右边缘
        speed[0] = –speed[0]
    if position.top < 0 or position.bottom > height:  # 碰到上下边缘
        _____
    screen.fill (color= (0, 0, 0) )                   # 填充背景颜色
    screen.blit (ball, position)                      # 在指定位置绘制图片
    pygame.display.flip ()                            # 更新全部显示
    clock.tick (300)                                  # 设置刷新速度，每秒 300 次帧
```

3. 运行程序，查看结果

单击"运行"按钮运行程序，查看运行结果，如实训图 21-2 所示。

4. 解析代码

（1）"pygame.image.load ("./ball/ball.png")"表示文件存放位置采用相对路径。

（2）"speed = [1, 1]"表示设置小球每次移动的 x 轴和 y 轴的距离都为 1。

（3）"clock = pygame.time.Clock ()"用来控制程序中的帧率和运行速度。

（4）"speed[0] = –speed[0]"表示当小球移动到窗口边缘位置时，小球将沿 x 轴反方向运动。

（5）"screen.fill (color= (0, 0, 0))"表示用黑色填充背景。

（6）"pygame.display.flip ()"用于更新游戏窗口的显示。调用该函数时系统立即将所有的图像显示在窗口上，并清空内存中的缓冲区。

（7）"clock.tick (300)"用于控制小球的移动速度，以控制帧速度，即窗口的刷新速度。"clock.tick (300)"表示每秒钟 300 次帧刷新。

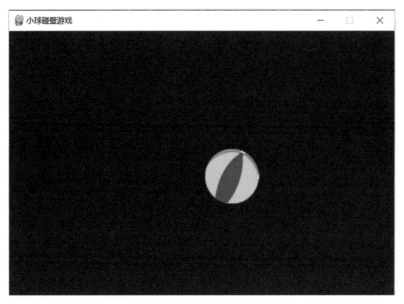

实训图 21-2　程序运行结果

　　请运行实训十九制作智能家居交互界面程序并操作，在下面的方框中记录操作中观察到的现象，结合应用实际情况完善并优化程序。

拓展练习

1. 开发一个简易计算器软件，要求模拟计算器功能，设计一个计算器界面，并实现按键、计算和显示功能。

2. 创建一个年级成绩分析图，要求根据学期考试成绩，以折线图的方式显示一个年级 10 个班级的平均分。

3. 设计一个弹球小游戏，要求弹球在窗口中不停地移动，单击小球时若小球被击中则得分，并在规定的时间内显示最终的得分。